Die Evolution des Gleichheitssatzes

Europäische Hochschulschriften

Publications Universitaires Européennes
European University Studies

Reihe II
Rechtswissenschaft

Série II Series II
Droit
Law

Bd./Vol. 2301

PETER LANG
Frankfurt am Main · Berlin · Bern · New York · Paris · Wien

Carl Philip Graf von Maldeghem

Die Evolution des Gleichheitssatzes

Das Prinzip der Gleichbehandlung im Lichte der modernen Evolutionsbiologie

PETER LANG
Europäischer Verlag der Wissenschaften

Die Deutsche Bibliothek - CIP-Einheitsaufnahme

Maldeghem, Carl Philip von:

Die Evolution des Gleichheitssatzes : das Prinzip der Gleichbehandlung im Lichte der modernen Evolutionsbiologie / Carl Philip Graf von Maldeghem. - Frankfurt am Main ; Berlin ; Bern ; New York ; Paris ; Wien : Lang, 1998
(Europäische Hochschulschriften : Reihe 2, Rechtswissenschaft ; Bd. 2301)
Zugl.: Passau, Univ., Diss., 1997
ISBN 3-631-32685-8

D 739
ISSN 0531-7312
ISBN 3-631-32685-8

Printed in Germany 1 2 3 4 5 7

Für Tina

Anstelle eines Vorwortes

Höre mich, o Mensch, aus welchem Teile der Welt du sein magst und welche Anschauung du auch vertrittst! Höre deine eigene Geschichte! Ich habe sie nicht in den Büchern deiner Brüder gesucht, die alle lügen; in der Natur selbst, die niemals lügt, habe ich sie gelesen. Alles, was ich von ihr habe, ist wahr. Wenn aber meine Abhandlung, ohne daß ich es gewollt habe, etwas Falsches enthält, dann kommt das auf meine Rechnung.

Rousseau, Über den Ursprung der Ungleichheit, 46

Danksagung

Mir ist es ein wichtiges Anliegen, all denen zu danken, die mich bei der Entstehung dieser Arbeit begleitet und unterstützt haben.

Ganz besonderer Dank gilt allen voran meinem Doktorvater Professor Johann Braun für seine Bereitschaft, sich von dem ausgefallenen Thema begeistern zu lassen, seine hervorragende fachliche Betreuung und seine Sensibilität, mich in den entscheidenden Momenten immer wieder auf den richtigen Weg zu bringen. Dank auch an Professor Bernhard Haffke für die zügige Erstellung seines Gutachtens.

Professor Edward O. Wilson hat mir nicht nur unersetzliche Ratschläge mitgegeben, sondern hat mir durch die Erlaubnis, seine private Bibliothek zu benützen, die Quellensuche und den Zugang zum gesamten Themenkomplex immens erleichterte. Herr Professor Roger Masters, Frau Dr. Margaret Gruter und die European Sociobiological Society haben mir wichtige fachliche Impulse und auch das Gefühl gegeben, daß ich in der Erforschung der Bezüge zwischen Evolution und Recht nicht ganz alleine bin.

Ich möchte auch nicht versäumen, den Universitätsbibliotheken der Universität Passau und der Harvard University in Cambridge, deren Einrichtungen ich als Gastforscher während des Wintersemesters 94/95 benutzen konnte, zu danken. Und selbstverständlich gilt mein Dank all denen, auf deren Hilfe ich während der Realisierung dieser Arbeit vertrauen konnte: meinen Freunden für ihre Anregungen in unseren Diskussionen, meinen Eltern für ihre Unterstützung, Marius Bolten und Dirk Leopold für die Korrekturen und meiner Freundin, Gefährtin und Verlobten Christina Volquartz, ohne die es diese Arbeit nicht gäbe.

Inhaltsverzeichnis

Anhang

Abkürzungsverzeichnis

a.a.O.	am angegebenen Ort
Anm.	Anmerkung
AöR	Archiv für öffentliches Recht
Art.	Artikel
AsylVfG	Asylverfahrensgesetz
AT	Altes Testament
Aufz.	Aufzeichnungen
ausf.	ausführlich
AuslG	Ausländergesetz
BayGO	Bayerische Gemeindeordnung
BayVBl.	Bayerische Verwaltungsblätter
BGB	Bürgerliches Gesetzbuch
BR	Bayerischer Rundfunk
BV	Bayerische Verfassung
BVerfG	Bundesverfassungsgericht
BVerfGE	Entscheidung des Bundesverfassungsgerichtes
bzw.	beziehungsweise
ders.	derselbe
dies.	dieselbe
Diss.	Dissertation
DVBl.	Deutsche Verwaltungsblätter
DÖV	Die Öffentliche Verwaltung
EG	Europäische Gemeinschaft
EU	Europäische Union
EWG	Europäische Wirtschaftsgemeinschaft
ErbStG	Erbschaftsteuergesetz

ersch.	erschienen
Fn	Fußnote
GG	Grundgesetz
GO	Gemeindeordnung
G.U.S.	Gemeinschaft Unabhängiger Staaten
incl.	inclusive
JuS	Zeitschrift für Juristische Schulung
JZ	Juristenzeitung
Lit.	Literatur
m.w.Nw.	mit weiteren Nachweisen
NJW	Neue Juristische Wochenzeitschrift
NT	Neues Testament
NVwZ	Neue Zeitschrift für Verwaltungsrecht
NYRB	New York Review of Books
PV	Preußische Verfassung
Rdnr.	Randnummer
Sp.	Spalte
StPO	Strafprozeßordnung
u.a.	unter anderem
UN	United Nations
usw.	und so weiter
vgl.	vergleiche
VereinsG	Vereinsgesetz
U.S.A.	United States of America
v.	von
VVDSTRL	Veröffentlichungen der Vereinigung der Deutschen Staatsrechtslehrer
WV	Weimarer Verfassung

z.B.	zum Beispiel
ZPO	Zivilprozeßordnung
Zsh.	Zusammenhang

A. Einleitung

I. Evolution und Recht

Evolutionsbiologie und Rechtswissenschaft haben begrifflich und thematisch nach allgemeiner Einschätzung nicht viel miteinander zu tun. Die Evolutionsbiologie beschäftigt sich mit dem Studium biologischer Entwicklungsgesetze. Die Rechtswissenschaft setzt sich mit der Analyse des geltenden Rechtssystems in einer Gesellschaft auseinander.
Die wissenschaftliche Landschaft ist geprägt von einem fortdauernden Dualismus zwischen Geistes- und Naturwissenschaften. Die entstandene Kluft zwischen den beiden Zweigen ist zum Teil so groß, daß nicht einmal mehr gemeinsame Gesprächs- oder Diskussionsgrundlagen gefunden werden können. Im Zeichen dieses Dualismus hat die Wissenschaft der Rechte und die Biologie traditionell wenig verbunden. Als Disziplin, die sich mit der Deutung geschichtlich gesellschaftlicher Wirklichkeit beschäftigt, wird die Rechtswissenschaft klassischerweise zu den Geisteswissenschaften gezählt. Die Biologie wird dagegen angesichts des Anspruchs, Naturerscheinungen zu erforschen, als Naturwissenschaft eingeordnet.

Gemeinsam ist beiden Disziplinen ein entscheidender Ansatzpunkt und Betrachtungsgegenstand: der Mensch. Der Mensch ist Schöpfer der Rechtsordnung. Das Recht ist von Menschen gestaltet. Jeder Mensch gilt zu jedem Zeitpunkt seines Lebens als rechtlich relevant Handelnder innerhalb der Rechtsordnung. Gleiches gilt im Bereich der Biologie. Der Mensch tritt einerseits als Forscher auf, er spielt die Rolle des Beobachtenden, insofern ist er Subjekt. Andererseits wird der Mensch als natürliches Lebewesen behandelt, in seinem Handeln beobachtet und untersucht und ist insofern Objekt.

Die eine Disziplin setzt sich mit dem Studium der von Menschenhand geschaffenen Rechtsordnung sowie deren Weiterentwicklung und Verfeinerung auseinander - es geht um das, was Menschen dürfen und was sie nicht dürfen. Die andere Disziplin beschäftigt sich, zumindest teilweise, mit dem natürlichen Verhalten des Menschen und dessen Ursachen - es geht um das, was Menschen tun und was sie nicht tun.

Es liegt nahe, daß Berührungspunkte zwischen dem, was Menschen tun, und dem, was Menschen dürfen, oder einfacher, Zusammenhänge zwischen Sein und Sollen bestehen. Das Sein kann eine Rolle für das Sollen spielen und umgekehrt. Gerade wenn es um den Menschen geht, scheint es wenig sinnvoll, die geschichtlich gesellschaftliche Wirklichkeit erklären zu wollen, ohne auf die natürlichen Verhaltensstrukturen der Lebewesen, die Schöpfer und Haupthandelnde in dieser Wirklichkeit sind, einzugehen. Ebenso können die an den Tag gelegten Verhaltensweisen in der hochtechnisierten Neuzeit nicht ohne Berücksichtigung der erschaffenen Wirklichkeit verstanden werden. Auf die wissenschaftliche Analyse des Menschen bezogen, erscheint die Aufrechterhaltung der strengen Trennung zwischen Geistes- und Naturwissenschaften unter dem Postulat eines ganzheitlichen Verständnisses in diesem Bereich nicht haltbar. Vielleicht gelingt mit der Darstellung der diesbezüglichen Interdependenz, einen verbindenden Mosaikstein in die skizzierte Kluft zu setzen.

Innerhalb der juristischen Wissenschaft sind die Fachrichtungen, die sich am ehesten mit der Natur des Menschen beschäftigen, die Kriminologie und die Rechtsphilosophie. Während es in der Kriminologie um Erscheinungsformen und Ursachen menschlichen Verhaltens, speziell kriminellen Verhaltens geht, sind Sinn und Zweck sowie Ursprung und Geltung des Rechtes zentrale Themen der Rechtsphilosophie. Eben der Aspekt des Ursprungs des Rechts in menschlichem Verhalten und der Geltung in menschlichen Sozietäten ist von zentralem Interesse für die vorliegende Untersuchung.

Die Evolutionsbiologie ist die biologische Einzeldisziplin, deren Anspruch es ist, verschiedene Verhaltensweisen und ihre natürliche Entwicklung zu analysieren. Betrachtungsgegenstand sind sowohl Einzellebewesen als auch ganze Populationen in ihren Verhaltensstrukturen. Ein insgesamt sehr großer Forschungsbereich macht das Studium von Tieren aus. Der Mensch wird als eine von vielen Arten untersucht und steht insoweit nicht im Mittelpunkt der Forschung. Trotzdem schlagen die Wellen der Diskussion immer dann besonders hoch, wenn Aussagen über den Menschen als evolutiv bedingtes Lebewesen gemacht werden. Die Erfahrung erbitterten Widerspruchs machten sowohl Charles Darwin als Begründer der Evolutionskonzepte als auch die neue Generation von Wissenschaftlern, die seine Thesen in den 70er und 80er Jahren aus dem anglo-amerikanischen Raum entscheidend weiterentwickelte.

In dieser Arbeit wird der „Homo sapiens sapiens“ als Teil der alle Lebewesen umfassenden Evolutionskette betrachtet, um aus diesem Blickwinkel zu überprüfen, ob der Mensch neben all den kulturell im Laufe der Jahrhunderte erworbenen Handlungsimpulsen arttypische, biologische Dispositionen aus seiner Entwicklungsgeschichte in die Moderne mitgebracht hat und inwieweit diese das rechtlich-soziale Verhalten des Menschen prägen und in der von Menschen geschaffenen Rechtsordnung zu erkennen sind.

II. Der Gleichheitssatz als Gegenstand evolutiver Prozesse

Eine Analyse der natürlichen Grundlagen menschlichen Verhaltens ermöglicht es, typisch menschliche Verhaltenstendenzen zu ermitteln. Wenn diese in Relation zu rechtlichen Normen gesetzt werden, ergeben sich daraus möglicherweise wichtige Erkenntnisse für die Fortentwicklung des Rechtes[1] .

Die Entstehung von Rechtsnormen ist ein Gebiet, das kaum umfassend erforscht ist und in dem bisher fast nie mit Erkenntnissen aus anderen Wissenschaftszweigen gearbeitet wurde. Es ist möglich, daß sich für die Rechtswissenschaft durch das Studium der Evolution von Verhaltensweisen neue Perspektiven eröffnen.

Mit dem Gleichheitssatz wird einer der prägenden Sätze des Grundgesetzes in diesem Sinne auf seine Deutung im Lichte der modernen Evolutionsbiologie überprüft. Das Gleichheitsprinzip ist seit verhältnismäßig kurzer Zeit wichtiges Verfassungselement im Raum der heutigen Bundesrepublik Deutschland, auf deren Gebiet sich diese Untersuchung in juristischer Hinsicht beschränkt. Als in seinem Kern unantastbares Grundrecht wurde es mit dem Art. 3 I GG erst 1949 als Verfassungsnorm garantiert. Keine 150 Jahre zuvor, im Jahr 1808, fand der Begriff erstmals Eingang in eine deutsche Verfassung[2] . Gemessen an der langen, sich über Jahrmillionen hinziehenden Stammesgeschichte des modernen Menschen „Homo sapiens sapiens“ ist dies eine kaum nennenswerte Zeitspanne.

Die Geschichte der Menschheit erscheint vielmehr als eine Geschichte der Ungleichheit. Überall auf der Welt heißt es seit jeher "Wir und die". Von den strengen Hierarchien des antiken griechischen Gemeinwesens über das System gesellschaftlicher Differenzierung in der mittelalterlichen Ständegesellschaft bis zur Ausgrenzungsdogmatik, die mit dem aufkeimenden Nationalismus im 19. Jahrhundert entstand, um nur einige willkürlich herausgegriffene Beispiele zu nennen, ist durchgehend die Tendenz erkennbar, daß in menschlichen Gesellschaften je nach Zugehörigkeit zu einem bestimmten Verband differenziert wird. Individuelle Mitglieder der Gruppe oder des Verbandes werden gleich, Nichtmitglieder anders oder ungleich behandelt. Auch heute ist die Geschichte der Ungleichheit nicht abgeschlossen. Das politische Klima Deutschlands wird konstant geprägt von Diskussionen um falsche oder richtige Differenzierungen und ungleiche Behandlungen[3] .

Die wiederkehrende Abgrenzung nach Gruppenzugehörigkeit kann kaum als ein zentraleuropäisches Phänomen gesehen werden. In den venezuelischen Dörfern der Yanomami-Stämme und den hochtechnisierten Städten der industrialisierten

---

[1] Dies heißt nicht, daß das Recht gemäß den festgestellten Verhaltenstendenzen anzupassen oder zu ergänzen sei, daß also das Sollen dem Sein folgen muß. Vielmehr kann die Kenntnis des Seins die gesellschaftliche Realisierung des Sollens mit in gleicher oder gegenläufiger Richtung wirkenden Maßnahmen unterstützen.

[2] § I, II BV von 1808.

[3] Aktuell geht es beispielsweise darum, ob sich Männer- und Frauenquoten als Einstellungskriterium halten können oder ob die Gleichgeschlechtlichkeit homosexueller Partner ein hinreichender Grund ist, ihnen den Schutz der Ehe zu verweigern.

Welt wird fein differenziert zwischen denen im eigenen Stamm bzw. Büro oder Club, die nahe sind, und denen der anderen Dörfer bzw. Firmen und Vereine, die nicht dazu gehören. Selbst die Menschenaffen, die nächsten Artverwandten der Spezies Mensch im Tierreich[4], die einst als so friedliebende Genossen galten, sind in ein neues Licht gerückt, seit Forschungen bekannt wurden, die klar belegen, daß in freier Natur regelmäßig planmäßige, kriegerische Züge kleiner Gruppen gegen konkurrierende Rudel stattfinden, bei denen es nicht selten zu innerartlichen Tötungen kommt.

Seit jeher stehen sich egalitäre und inegalitäre Verhaltenstendenzen in menschlichen Gesellschaften gegenüber. Soweit das Phänomen der sich gegenüberstehenden Aspekte Gleichheit und Ungleichheit bisher analysiert wurde, ist das Erbe der menschlichen Stammesgeschichte kaum berücksichtigt worden. Der moderne Mensch ist allerdings genetisch kaum anders ausgestattet als der Cro-Magnon-Mensch, der vor immerhin 45.000 Jahren lebte. Unabhängig vom jeweils herrschenden gesellschaftlichen Status ging es seitdem immer und überall um Aufrechterhaltung und Beseitigung von Ungleichheit. Die einen hielten fest an ihren Privilegien, die anderen kämpften um politische, soziale und ökonomische Gleichstellung.

Die Entwicklung der Neigung zur Gleichbehandlung und ihre juristischen Manifestationen sind also in engem Zusammenhang mit der Tendenz zur Differenzierung oder Ungleichbehandlung zu untersuchen. Ist nun eine natürlich im Menschen angelegte Tendenz zur Gleichbehandlung anzunehmen oder gilt vielmehr, daß eine Neigung zur Ungleichbehandlung typisch menschliches Verhalten ist? Offensichtlich hat sich auf juristischer Ebene das Gleichbehandlungsprinzip zu einem der wichtigsten Strukturmerkmale der meisten modernen Staaten aufgeschwungen und ist insofern weit akzeptiert. Aber dies muß nicht notwendigerweise heißen, daß dieses Prinzip arttypisch für den Menschen ist.

Der skizzierte Dualismus zwischen Gleichbehandlung und Ungleichbehandlung im menschlichen Verhalten erscheint als ein immer wiederkehrendes Phänomen gesellschaftlichen Zusammenlebens. Deswegen liegt es nahe, den Gleichheitssatz als rechtlich grundlegende Entscheidung, beispielhafte Realisierung eines bestimmten Verfassungsverständnisses und tragendes Prinzip dieses Normenwerkes auf seine biologische und gesellschaftliche Basis zu untersuchen.

Aus dieser Problemstellung heraus werden folgende Fragen behandelt, wenn auch nicht abschließend beantwortet: Ist eine Tendenz zur Gleichbehandlung arttypisch für den Menschen? Ist der Gleichheitssatz Spiegelbild einer solchen Tendenz?

---

[4] Gorillas, Schimpansen und Orang-Utans teilen 99,5% des menschlichen Gencodes und besitzen die Fähigkeit zum Ausdruck von Freude und Trauer, zur Einteilung der Welt in Richtig und Falsch und zur Kommunikation per Taubstummensprache. ausf. Lit. in: Cavalieri/Singer, The Ape Project.

Finden diese Tendenzen bewußt oder unbewußt in unser rechtliches Verhalten Eingang? Inwiefern schlägt sich dies in der Rechtsordnung nieder, wo und wie sind die Prädispositionen dort wiederzuerkennen? Wie gestaltet sich das Verhältnis biologischer Prädispositionen und kulturell entwickelter Werte?

III. Methode und Mittel

Die Naturwissenschaften und damit auch die Biologie sind traditionell geprägt von einer operationalen Denkweise. Für die Forschung bedeutet dies ein Vorgehen nach induktiver Methode. Aus einer Vielzahl von Detailexperimenten wird auf generelle Prinzipien geschlossen. Aus vielen Einzelimpressionen ergibt sich langsam ein Gesamtbild. Versuchsergebnisse legen nahe, bestimmte Aussagen zu folgern, und so verdichtet sich das Besondere zum Allgemeinen.

Demgegenüber sind die Geisteswissenschaften, denen in der universitären Einteilung die Rechtswissenschaft zuzuordnen ist, weitgehend von interpretativer oder auch hermeneutischer Theorie bestimmt. In der Forschungspraxis bedeutet dies eine Vorherrschaft deduktiven Stils. Der Wissenschaftler kennt schon zu Anfang seiner Überlegungen Aspekte des zu durchdringenden Feldes, insoweit bildet er eine grundlegende Aussage. Im nächsten Schritt leitet er aus dem allgemeinen Satz daraus folgende, besondere Sätze ab. Der generelle Gedanke wird an der Detailbeobachtung verifiziert.

Im Zuge einer Arbeit, die sich mit zwei so verschiedenen Disziplinen beschäftigt, stellt sich die Frage nach der zu wählenden Vorgehensweise umso fundamentaler. Die juristische Vorgehensweise ist Musterbeispiel deduktiven Denkens. Eine Norm bestimmt regelmäßig bekannte Voraussetzungen. Soweit diese erfüllt sind, knüpfen sich daran bestimmte rechtliche Folgen.
Molekularbiologie und vergleichende Verhaltensforschung sind typische Felder induktiver Forschung. Experimente im Genbereich bzw. in der Untersuchung einzelner Verhaltenseinheiten und ihrer Bedingungen werden in der Regel erst nach praktischer Durchführung in der Auswertung theoretisch generalisiert. Die Verhaltensstruktur- und Populationsbiologie, die zentraler Bezugspunkt dieser Arbeit sein wird, gilt dagegen als weitgehend deduktiv arbeitende Disziplin, die ihre Aussagen aus der Evolutionstheorie entwickelt und in Verweisen auf praktische Beobachtungen belegt[5] .

Gerade in einem Feld, das zwei Disziplinen zusammenbringt, erscheint es ungünstig, induktiv vorzugehen, insbesondere wenn beide Disziplinen ohnehin re-

---

5 Dies wurde Charles Darwin von einigen seiner Kollegen vehement zum Vorwurf gemacht, wie sich im folgenden Zitat zeigt: „You have deserted the true method of induction, and started us in a machinery as wild, I think, as Bishop Wilkin's locomotive that was to sail with us to the moon." Francis Darwin, Briefe, Brief von A. Sedgwick an C. Darwin, Dec 24, 1859, Band II, 43, Eibl, Grundriß, 1987, 452.

gelmäßig nicht rein experimentell zu Aussagen kommen. Insofern liegt es nahe, angesichts der doppelten Verwendung in den Feldern Verhaltens- bzw. Populationsbiologie und Rechtswissenschaft die deduktive Methode im Rahmen dieser Arbeit anzuwenden.

Aus der soweit festgelegten Methode ergibt sich eine Struktur des weiteren Vorgehens. Nach einer thematischen Übersicht werden Aspekte der zwei Disziplinen in aufeinanderfolgenden Hauptteilen vorgestellt.

Der rechtswissenschaftliche Teil ist einer grundlegenden Betrachtung des Gleichheitssatzes gewidmet. Die Prinzipien der Gleichheit und der Gleichbehandlung und die mit ihnen einhergehenden gesellschaftlichen Implikationen werden vorgestellt, und es erfolgt eine knappe Darstellung des Gleichheitssatzes im Grundgesetz. Dabei beschränken sich die Ausführungen auf einen historischen und strukturellen Abriß und eine Skizze der Entwicklungstendenzen in der aktuellen Interpretation des Art. 3 I GG.

Der anschließende Teil der Arbeit behandelt Aspekte der modernen Evolutionsbiologie. Die grundlegenden Prinzipien der Evolution werden anhand der Thesen Darwins und Lamarcks beschrieben. Zwei Kapitel sind der Darstellung der Weiterentwicklungen der ethologischen Schule und der perspektivisch neu fundierten Aussagen der Soziobiologen gewidmet. Diese werden in ihrer Wirkung hinsichtlich natürlicher Tendenzen zu Gleich- bzw. Ungleichbehandlung verglichen und auf ihre Logik und Folgerichtigkeit überprüft.

Im zentralen Abschnitt der Arbeit wird der Gleichheitssatz im Licht der ermittelten Erkenntnisse aus der Evolutionsbiologie betrachtet. Es werden die für überzeugend befundenen Thesen auf den Menschen angewendet, transferiert und kritisch überprüft. Anhand juristischer Standortbestimmungen in Hinblick auf die ermittelten Tendenzen wird untersucht, ob und inwieweit natürliche Tendenzen zur Gleich- oder Ungleichbehandlung in das rechtlich-soziale Verhalten Eingang gefunden haben und sich in der Rechtsordnung niederschlagen.

Um die Verankerung des Gleichheitssatzes in menschlichen Gesellschaften zu überprüfen, erfolgt im Kern der Untersuchung die Auseinandersetzung mit der Evolution des Gleichheitssatzes unter dem Einfluß biogenetischer und gesellschaftlicher Tendenzen. In diesem Zusammenhang wird auf das Phänomen der Ausdehnung des Gleichheitskonzeptes eingegangen und dieses in seinen Voraussetzungen und Bedingtheiten untersucht.

Der Abschnitt mit dem Titel Koevolution ist darauf ausgerichtet, das Zusammenspiel der biogenetischen und der gesellschaftlichen Faktoren zu klären. Es wird überprüft, wie sie sich in Hinblick auf das Prinzip der Gleichbehandlung zueinander verhalten: bedingen sie sich gegenseitig, spielen sie in ihrer Wirkung zusammen, oder verhalten sie sich in bestimmten Aspekten gegenläufig zueinander?

Im Zuge einer bilanzierenden Gesamtbetrachtung werden die Erkenntnisse abschließend vorgestellt. Des weiteren wird in einem Ausblick auf die Relevanz zu erwartender Forschung in diesem Gebiet und auf die Konsequenzen für das moderne Menschenbild und Gleichheitsverständnis hingewiesen.

B. Gleichheit und Gleichbehandlung im Gleichheitssatz

Dieser Abschnitt geht auf die Begriffe Gleichheit und Gleichbehandlung ein und skizziert sie in ihren verschiedenen Dimensionen. Um eine tragfähige juristische Basis der Untersuchung zu schaffen, werden außerdem die allgemeine Struktur und die aktuelle Interpretation des Gleichheitssatzes dargestellt. Es ist dabei angestrebt, nicht nur einen juristischen Überblick zu geben, sondern auch in der Entwicklung des Prinzips Gleichheit wiederkehrende Faktoren zu ermitteln und darauf einzugehen, ob sich daraus bestimmte Entwicklungsgesetze ablesen lassen.

I. Der Begriff der Gleichheit und das Prinzip der Gleichbehandlung

1. Gleichheit in ihren begrifflichen Bedingungen

a. Die logischen Voraussetzungen der Gleichheit

Die Gleichheit im kolloquialen Sinne wird definiert als Übereinstimmung oder Fehlen von Unterschieden[1] . Genau in dieser Begriffsbestimmung zeigt sich ein Paradoxon. Wenn völlige Übereinstimmung angenommen wird, wenn keinerlei Unterschiede festgestellt werden, dann gibt es nur noch Identität der Sachverhalte. Ebendies soll Gleichheit allerdings nicht ausdrücken. Das Gleiche ist nicht Dasselbe.

Mit der Verwendung des Begriffes Übereinstimmung wird angenommen, daß es etwas gibt, womit Übereinstimmung herrscht. Mit dem Hinweis darauf, daß Unterschiede fehlen, wird impliziert, daß Unterschiede möglich sind. Insofern setzt Gleichheit eine Mehrheit von Objekten voraus. Mindestens zwei Dinge sind erforderlich, die wenigstens räumlich oder zeitlich ungleich sind [2] .

Absolute Gleichheit gibt es nicht, möglich ist immer nur relative Gleichheit. Absolute Gleichheit hebt in ihrer Konsequenz alle Differenzierungsmöglichkeiten auf; relative Gleichheit setzt sie voraus. Gleichheit erfordert logisch Ungleichheit. Anders formuliert beschreibt Gleichheit immer nur Übereinstimmung oder das Fehlen von Unterschieden in Hinblick auf eines oder mehrere Merkmale nicht identischer Objekte[3] .

Mit dieser Feststellung ist eine weitere logische Voraussetzung der Gleichheit bestimmt. Erforderlich sind eines oder mehrere Merkmale des Vergleiches. In

---

[1] Enzyklopädie Brockhaus, Stichwort Gleichheit.
[2] Menne, 45.
[3] Hesse, AöR 77, 173.

Bezug auf eben diese Merkmale kann vor dem Prospekt der Ungleichheit eine immer limitierte Gleichheit festgestellt werden[4].

Soweit die Betrachtungsobjekte in den festgelegten Merkmalen übereinstimmen, soweit diesbezüglich Unterschiede fehlen, wird gefolgert, daß sie gleich sind. Die Gleichheit kann sich auf eine einzelne oder die ganz überwiegende Anzahl der Eigentümlichkeiten einer Sache beziehen. Die Ermittlung des Merkmales oder der Merkmale ergibt sich immer aus der Perspektive des Betrachters. Je nach Wahl des oder der Vergleichspunkte sind also unterschiedliche oder sogar widersprechende Urteile über die Gleichheit in Hinblick auf zwei Objekte möglich. Eine Aussage über Gleichheit ist demzufolge immer gebunden an die Entscheidung des Betrachters, welches oder welche Merkmale er sich als wesentliche Vergleichspunkte aussucht[5].

Logisch erforderlich, um von Gleichheit sprechen zu können, sind also zwei Objekte und ein tertium comparationis, mittels dessen eine Relation zwischen den zu vergleichenden Objekten durch den Betrachter hergestellt wird.

b. Gleichheit und ihr Bezugspunkt Staat

Jede Aussage über Gleichheit erfolgt nach einem Vergleich. Die Möglichkeiten des Vergleichs sind nicht auf bestimmte Gegenstände beschränkt. Im Zusammenhang dieser Arbeit werden überwiegend Konstellationen menschlichen Gesellschaftslebens verglichen. Die Anzahl der zu vergleichenden Sachverhalte läßt sich angesichts der Vielgestaltigkeit des Zusammenlebens kaum eingrenzen. Bei näherer Betrachtung menschlicher Gesellschaften in Hinblick auf den Aspekt Gleichheit kristallisieren sich allerdings Gruppen von Vergleichspunkten heraus, die immer wieder als Bezugspunkte gewählt werden. Diese klassischen Bezugspunkte sind Natur, Religion und Staat. Alle Menschen sind von Natur aus gleich, alle Menschen sind vor Gott gleich, alle Menschen sind in der Behandlung durch den Staat gleich. Diese Aussagen lassen sich in der Entwicklung der menschlichen Gesellschaftsformen immer wieder nachweisen.

Systematisch wird der Gleichheitsbegriff in Bezug auf den Staat erstmals von Platon aufgegriffen. In seiner Verfassungslehre beschreibt er die Demokratie als die Staatsform, in der alle gleichen Anteil am Bürgerrecht und der Verwaltung haben[6]. Darüber hinaus konzipierte er ein Modell, das zwei verschiedene Gleichheitsbegriffe unterschied: Einerseits kann Gleichheit nach Maß, Gewicht und Zahl ermittelt werden, wie dies zum Beispiel bei Wahlen der Fall ist. Anders wirkt für ihn die "wahrhafteste Gleichheit", die sich an der jeweils ungleichen

---

4 Zippelius, VVDSTRL, 20.
5 Hesse, AöR 77, 172-174.
6 Platon, Politeia, VII 557 a.

Begabung orientiert und jedem das ihm Angemessene zuteilt[7]. Dieser Begriff entspricht der „suum cuique“ Formel.

Aristoteles konkretisiert die Differenzierung: „Doch das Gleiche ist zweifacher Art: einerseits nämlich nach der Zahl, andererseits nach der Würdigkeit. (...) Deshalb muß man einerseits von einer zahlenmäßigen Gebrauch machen und andererseits von einer nach Würdigkeit“[8]. Seiner Auffassung nach kann die Gleichheit nach der Zahl nur im Verhältnis der Bürger untereinander maßgeblich sein. Im Verhältnis Staat-Bürger, so zum Beispiel bei der Vergabe staatlicher Leistungen, ist das Prinzip der Gleichheit nach Würdigkeit anzuwenden[9].

Platon und Aristoteles gelten heute weitgehend als antike Mitbegründer des Gleichheitsbegriffes und des Konzeptes Demokratie. Anzumerken bleibt, daß sowohl Platon als auch Aristoteles der Demokratie skeptisch gegenüberstanden. Beide Philosophen sprechen sich in ihren Schriften für die Oligarchie als Staatsform aus, die Demokratie kritisieren sie als schlechten Kompromiß[10]. Konsequenterweise wird von ihnen das skizzierte Konzept der Gleichheit nach aus Begabung und Erfahrung resultierender Würdigkeit dem differenzierungsarmen Modell der Gleichheit nach der Zahl vorgezogen[11].
Gleichzeitig muß an dieser Stelle darauf hingewiesen werden, daß die angesprochenen Gleichheitsrechte stets nur einen Teil der "polis" erfassen[12]. Trotzdem darf nicht übersehen werden, daß mit der skizzierten Grundlegung der Gleichheit in Hinblick auf den Staat ein zweigliedriger Gleichheitsbegriff statuiert wurde, der uns bis in die aktuellen juristischen Diskussionen begleitet.

Getragen von den Forderungen der bürgerlichen Freiheitsbewegung hat die Gleichheit vor dem Gesetz sich seit der französischen Revolution zu einem entscheidenden Verfassungskonzept moderner Rechtsstaaten entwickelt.
Während sich das in den vergangenen 200 Jahren auffallend ausgeprägte Streben nach der Durchsetzung des Konzeptes in der gesellschaftlichen Realität zunächst nur im Ständesystem auf die Beseitigung der diesbezüglichen Unterschiede ge-

---

7 Platon, Nomoi, VI 757 a - 758 a, Politeia 558 c.

8 Aristoteles, Politik, 1301 b.

9 Aristoteles, Nikom. Ethik, 1131 a, 1132 a.

10 Platon, Politeia, 562 a, 562 b, 558 c und Aristoteles, Politik, 1279 a, 1279 b, 1288 a, 1288 b.

11 Platon, Nomoi, VI 757 a und Aristoteles, Politik, 1318 a, Nikom. Ethik, 1131 a, 1131 b.

12 Dies sind die freien, alteingesessenen, männlichen Bürger, die sogenannten Politen. Die freien, zugewanderten Bürger, genannt Meteöken und hauptsächlich in Landwirtschaft und Handel tätig, und die Sklaven konnten sich nicht auf das Gleichheitsrecht berufen und waren von politischer Mitbestimmung weitgehend ausgeschlossen. Dies galt auch für alle weiblichen Bewohner der Stadt. Wenn man sich vor Augen führt, daß in Athen zu dieser Zeit den 42.000 Politen 212.000 Einwohner Gesamtbevölkerung gegenüberstanden, zeigt sich, daß von einer Demokratie im modernen Sinne, in der Gleichheitsrechte allen Menschen zustehen, kaum die Rede sein kann. Dann, 37.

richtet hatte, verlagerte sich der Brennpunkt der Auseinandersetzung graduell auf gleiche Möglichkeiten der politischen und sozialen Teilhabe. Entscheidend waren die Fragen des Privilegienbesitzes nach Geburt und Besitz, des aktiven und passiven Wahlrechts, der kommunalen Selbstverwaltung und der Geschlechterdiskriminierung[13].
Es zeigt sich, daß in diesem Zeitraum eine ständige Generalisierung und Ausdehnung auf immer neue Lebensbereiche zu verzeichnen ist. Es scheint, daß das Konzept ab einem gewissen Punkt eine Eigendynamik entwickelt hat - gewissermaßen wie ein Schneeball, der auf seinem Weg ins Tal zur Lawine wird.

c. Gewährleistungen und Beschränkungen

Eine lawinenartige Ausbreitung immer weiter gehender Gleichheitsgarantien schafft neue Freiheiten, geht gleichzeitig aber auf Kosten anderer Freiheiten und gefährdet deren Gewährleistung durch den Staat[14]. Das Spannungsfeld erhellt sich anhand der folgenden Sätze: Wenn in einem Gemeinwesen alle gleich sind oder sein sollen, gibt es keine Freiheit, anders sein zu können. Wenn in einem Gemeinwesen alle frei sind oder sein sollen, gibt es keine Gleichheit, weil sich alle unterschiedlich entwickeln[15].

Tatsächlich verhalten sich Freiheit und Gleichheit zueinander wie die zwei Seiten einer stehenden Münze. Wenn die Balance zwischen den beiden Seiten verlorengeht, fällt die Münze um. Anders gesagt, dürfen die Beschränkungen eine bestimmte Schwelle nicht überschreiten. Die Gleichheit darf nicht so weit gehen, daß die freie Persönlichkeitsentfaltung aufgrund von Zwangsandrohung ausgeschlossen ist. Es muß die Freiheit geben, anders zu sein. Die Freiheit darf nicht so weit gehen, daß die rücksichtslose Selbstbestimmung einiger Individuen die freiheitliche Entwicklung anderer ausschließt. Die Vorstellung von Gleichheit muß

---

13 Dann 248, 249 und Hesse, Diss., 79-81.

14 Dieser thematische Komplex könnte allein Gegenstand einer weitreichenden Untersuchung sein, hier erfolgt mit Rücksicht auf die Relevanz für das Thema dieser Arbeit nur eine grobe und knappe Übersicht.

15 Gleichheit beschränkt nach diesem Modell immer die Freiheit, Freiheit beschränkt ebenso immer die Gleichheit. Diese Argumentation legt die Auffassung nahe, daß die beiden Prinzipien nicht miteinander vereinbar sind. Gegen diese Polarisierung wird eingewendet, daß sie einen doppelten Fehlschluß enthält. Ein gesellschaftliches System, das ganz auf Freiheit beruht und das Prinzip der Gleichheit dafür opfert, läßt es zu, daß einige die Freiheiten benützen, um sich Privilegien auf Kosten anderer zu schaffen. So entwickelt sich ein Gemeinwesen, das geprägt ist von Abhängigkeiten. Mit den Abhängigkeiten geht aber gleichzeitig die Freiheit zugrunde.
Ein Gemeinwesen, das ganz auf kollektive Gleichheit vertraut und die individuelle Freiheit vernachlässigt, braucht rigorose Machtstrukturen zur Durchsetzung des eigenen Anspruchs. Mit der Zweiteilung in Regierende und Regierte erfolgt eine Spaltung der Gesellschaft und die Gleichheit wird belanglos. Überwiegend wird deswegen angenommen, daß Freiheit und Gleichheit als Prinzipien konstitutiv zusammengehören. Kriele, 133, 134, Koch, Sp. 1179, 1180.

allen unterschiedslos erlauben, sich selbst zu entfalten[16]. Innerhalb des Gemeinwesens ist ein angemessenes Balanceverhältnis von Freiheit und Gleichheit erreicht, soweit von staatlicher Seite sowohl freie Selbstbestimmung in unterschiedsloser Art und Weise als auch gleiche Achtung aller ermöglicht und garantiert werden können[17].

2. Das Prinzip der Gleichbehandlung

a. Dualismus im Gleichheitsverständnis

Die Entwicklungsgeschichte der Gleichheit vor dem Gesetz läßt sich in den Parametern staatlicher Gleichbehandlung messen. Im Laufe der Zeit hat sich ein grundlegender Dualismus im Verständnis herauskristallisiert, der sich in den mit jeder Auffassung implizierten gesellschaftlichen Konsequenzen fortsetzt. Im folgenden wird dieser Dualismus in seinen verschiedenen Dimensionen analysiert.

Die eine Konzeption meint eine Gleichheit des Ausgangspunktes. Die Entscheidung über gleiche oder ungleiche Behandlung ist immer an einen bestimmten Sachverhalt und sich daraus ergebende Unterscheidungsgründe geknüpft. Solange gleiche Voraussetzungen an einem bestimmten Punkt geherrscht haben, ist danach entstehende Ungleichheit gerechtfertigt. Natürlichen Unterschieden wird somit Rechnung getragen.

Die andere Auffassung sieht Gleichheit als gesellschaftliche Zielvorstellung. Aus der Überlegung der wesentlichen Gleichwertigkeit aller Menschen folgt, daß ein Zustand erheblicher Ungleichheit nicht gerechtfertigt ist. Angestrebt wird insoweit weitreichende Nivellierung. In der Konsequenz der Konzeption die gesellschaftlich entstandenen Unterschiede sind vom Staat künstlich auszugleichen.

Die so skizzierte Differenzierung ist schon bei Platon und Aristoteles aufgeschienen und entspricht in wesentlichen Zügen der dort ermittelten Unterscheidung zwischen der Gleichheit nach der Würdigkeit und der Gleichheit nach der Zahl.
Der Dualismus konkretisiert sich in mehreren Dimensionen und wurde deswegen begrifflich höchst unterschiedlich betitelt. In der Folge werden in einer Gesamtschau die denkbaren Dimensionen und die jeweils verwendeten Begrifflichkeiten vorgestellt, wobei festzuhalten ist, daß allen gemachten Unterscheidungen der gleiche Dualismus zugrunde liegt.

---

16 Zippelius, VVDSTRL, 16-19.
17 Koch, Sp. 1178-1180, Sundbohm, 21-23, Kriele, 134, 135.

b. Postulate für Gleichheitsbegriffe

Wenn die Perspektive gewählt wird, Forderungen für die ideale Verwirklichung des Gleichheitskonzeptes zu bestimmen, realisiert sich der Dualismus in den Konzeptionen von der materialen und der formalen Gleichheit.

Die materiale Gleichheitsauffassung geht davon aus, daß alle Menschen bei gleichen Voraussetzungen gleich behandelt werden sollen, bei Vorliegen eines sachlichen Grundes aber ungleich zu behandeln sind. Ein Verstoß gegen das Prinzip der Gleichbehandlung ist es, wenn willkürlich ungleich behandelt wird. Dies entspricht der Gleichheit nach der Würdigkeit im Sinne von Aristoteles.

Der formalen Gleichheitsvorstellung liegt der Gedanke zugrunde, daß alle Menschen angesichts ihrer Gleichwertigkeit möglichst gleich behandelt werden sollen. Danach ist das Prinzip der Gleichbehandlung verletzt, wenn nicht jeder in gleicher Weise durch die Rechtsordnung verpflichtet und berechtigt wird. Hier kann die von Aristoteles hervorgehobene Gleichheit nach der Zahl wiedererkannt werden[18].

c. Zielzustände

Mit den beschriebenen Postulaten sind unterschiedliche Vorstellungen von den zu erreichenden Zielzuständen verbunden.

Nach dem Konzept der rechtlichen Gleichheit ist die staatliche Garantie der Gleichheit Ausgangspunkt des Handelns. Danach haben alle Menschen die gleichen Pflichten und Rechte und damit den gleichen Stellenwert im Staat. Dies bedeutet aber nicht unbedingt, daß sich die anfangs gewährte Gleichheit der Voraussetzungen auch später zu einem Zustand realer Gleichheit entwickelt. Im Zielzustand kann sich stattdesssen eine Situation der Ungleichheit ergeben, die aber aus sachlichen Gründen gerechtfertigt ist. In der Entwicklung ist rechtliche Gleichheit somit eine Folge des materialen Gleichheitsbegriffes.

Die Vorstellung von der faktischen Gleichheit sieht dagegen eine gesellschaftliche Situation vor, in der alle Menschen faktisch gleichviel in jeder Hinsicht haben. Gleichheit ist damit Ziel des Handelns. Aufgabe des Staates ist es, für einen Ausgleich betreffend Güter, Chancen und aller weiteren Faktoren der Lebenswirklichkeit zu schaffen. Soweit der formale Gleichheitsbegriff konsequent verwirklicht wird, ergibt sich faktische Gleichheit[19].

---

[18] Herzog, DVBl. 1970, 713, Hesse, AöR 77, 168, Kirchhof, § 124, Rdnr. 83-85.
[19] Starck, Art. 3 I, Rdnr. 3, 4.

d. Legitimation im Wesen

Sowohl die Auffassungen von materialer und rechtlicher Gleichheit als auch die Vorstellungen von formaler und faktischer Gleichheit finden eine Legitimation für ihre Sicht im menschlichen Wesen, wie es von ihren Vertretern jeweils erkannt wird.
Die einen sehen den Menschen als ein „Naturwesen“. Nach dieser Auffassung formen natürliche Gegebenheiten das menschliche Wesen entscheidend. Demnach bestehen in Hinblick auf Fähigkeiten und Begabungen natürliche Unterschiede zwischen den Menschen. Insofern ist es zu rechtfertigen, allen gleiche Startchancen einzuräumen, später infolge der biologisch gegebenen Unterschiede aber Ungleichheiten zuzulassen.

Die anderen Ansätze gehen davon aus, daß der Mensch ein „Kulturwesen“ ist. Nach diesem Modell ist es die Kultur, die das menschliche Wesen entscheidend formt. Zwischen den Menschen bestehen demnach von Natur aus keine wesentlichen Begabungsunterschiede. Erst unter dem Einfluß der Vergesellschaftung entstehen die maßgebenden, künstlichen Differenzierungen. Sie sind angesichts der natürlichen Gleichwertigkeit nicht zu rechtfertigen; Ziel muß deswegen sein, diese Ungleichheiten zu beseitigen[20] .

e. Folgerungen für die Politik

Jedes Verständnis von Gleichheit impliziert gesellschaftliche Konsequenzen, die sich in der Politik realisieren. Auch hier ergibt sich ein Dualismus.
Soweit die Vorstellung materialer Gleichheit verwirklicht werden soll, wird ein System rechtlicher Gleichheit angestrebt. Von staatlicher Seite muß konstant gesichert werden, daß für alle Menschen die gleichen Voraussetzungen bestehen. Zentrale politische Aufgabe der Staatsgewalt ist damit, daß keine Ungleichheiten geschaffen werden. Daraus ergibt sich das Ideal einer statischen Politik. Statisch bedeutet in diesem Zusammenhang, daß der erreichte "status quo" in Hinblick auf die Gleichheit garantiert, aber nicht erweitert wird.

Zur formalen Gleichheitskonzeption gehört das Ziel faktischer Gleichheit. Von staatlicher Seite ist zu erreichen, daß alle Menschen in gleicher Weise am Gemeinwesen teilhaben und die zur Verfügung stehenden Güter in gleichem Maße an alle Staatsbürger verteilt werden. Im Mittelpunkt der Politik steht somit das Anliegen der Staatsgewalt, alle Ungleichheiten abzuschaffen. Dies gewährleistet eine dynamische Politik. Zeichen der Dynamik ist es, daß im Lichte der Angleichung der Lebensverhältnisse der geltende Gleichheitsbegriff erforderlichenfalls ausgedehnt wird[21] .

---

20 Herzog, DVBl. 1970, 715.
21 Herzog, a.a.O., 713, 714.

f. Elemente im Grundgesetz

Im Grundgesetz und in der ganzen Rechtsordnung lassen sich sowohl Verwirklichungen des einen als auch des anderen Konzeptes erkennen. Hier werden kurz einige Beispiele festgehalten, um das bisher Dargestellte zu verdeutlichen.

So kann das Prinzip der Ausbildungs- und Chancengleichheit als Ausfluß eines materialen Gleichheitsverständnisses verstanden werden. Allen werden gleiche Voraussetzungen gegeben. Je nachdem, wie sie ihre Chancen zu nutzen wissen, können sich auf dieser Grundlage zu rechtfertigende Ungleichheiten entwickeln.

Demgegenüber verwirklicht sich die formale Gleichheitsvorstellung in Steuerrecht und Sozialstaatsprinzip. Um die realen Ungleicheiten zumindest teilweise ausgleichen zu können, wird Mitgliedern privilegierter Gruppen eine höhere Steuerbelastung abverlangt. Daneben werden Sozialleistungen vorwiegend weniger privilegierten Gruppen zuteil. Um dem gesetzten Anspruch gerecht zu werden, werden Maßnahmen staatlicher Umverteilung eingesetzt.

Zusammenfassend sei der Dualismus nochmals anhand der erfolgten Feldbestimmung auf einen Punkt gebracht[22]. Materiale und rechtliche Gleichheit, der Gedanke vom Naturwesen, statische Politik sowie Ausbildungs- und Chancengleichheit gehören begrifflich zusammen und bestimmen eine einheitliche Konzeption von Gleichheit, die Ungleichheit bei Vorliegen sachlicher Gründe zuläßt. Ebenso sind die Vorstellungen von formaler und faktischer Gleichheit, die Idee vom Kulturwesen, dynamische Politik sowie Steuerrecht und Sozialstaatsprinzip Ausfluß einer in sich geschlossenen Interpretation von Gleichheit, die unabhängig von Talenten und Fähigkeiten auf Beseitigung aller Ungleichheit drängt.

Das uralte Beispiel vom Wettlauf zwischen Hase und Igel macht den Gegensatz einfach transparent. Die Anhänger der ersten Auffassung setzen die beiden Tiere zusammen an den Start und lassen zu, daß nach dem gleichzeitigen Start der Hase den Igel überholt und gewinnt, während die Vertreter der zweiten Konzeption unabhängig vom Lauftalent des Hasen den Igel kurz vor dem Zieleinlauf wieder neben den Hasen setzen wollen.

---

22 Vgl. Skizze 1 im Anhang.

II. Der Gleichheitssatz im Grundgesetz

1. Der Stellenwert des Gleichheitssatzes

Im Grundgesetz ist das Gleichheitsprinzip durch Art. 3 GG verwirklicht. Die zentrale Stellung im Grundrechtskatalog weist auf den hohen Rang hin, der dem Prinzip, das hier als Grundrecht formuliert ist, eingeräumt wird.

Von Frankreich aus hatte sich das Streben nach „égalité, liberté et fraternité" seit 1798 flächendeckend in ganz Europa ausgebreitet[23] und sukzessiv seit 1808 auch in deutschen Verfassungen seinen Platz gefunden. Bei den Beratungen zum Grundgesetz 1949 wurde das Konzept des Gleichheitssatzes zu einem zentralen Thema.

In diesem Zusammenhang erschien es überaus wichtig, das Gleichheitsprinzip als den neuen Staat prägende Formel festzuschreiben. Die Bedeutung, die dem Gleichheitssatz beigemessen wurde, läßt sich an der Tatsache ablesen, daß der Art. 3 GG eine herausragende Stellung an der Spitze des im Kern geschützten Grundrechtskataloges als einklagbares Ausgleichsinstrument erhalten hat[24] .

a. Struktur des Art. 3 GG

Der Gleichheitssatz teilt sich in drei Absätze. In Art. 3 I GG ist das allgemeine Gleichheitsgebot formuliert. Der Wortlaut ist: „Alle Menschen sind vor dem Gesetz gleich."

Art. 3 II, III gelten als die speziellen Gleichheitssätze, die Konkretisierungen enthalten. Art. 3 II 1 GG schreibt die Gleichberechtigung von Männern und Frauen fest. Mit der im Jahr 1994 erfolgten Grundgesetzergänzung wurde Art. 3 II 2 GG hinzugefügt, der den Anspruch der Gleichberechtigung in der Formulierung als

---

23 Gleichheit kam als verfassungsrechtlicher Begriff bezeichnenderweise erst mit der napoleonischen Verfassung des Königreiches Westfalen über Frankreich nach Deutschland. Im Zuge des aufgeklärten Absolutismus gewann der Satz der Gleichheit vor dem Gesetz erstmals in den bayrischen Verfassungen von 1808 und 1818 Verfassungsrang. In die Reichsverfassung von 1871 wurden keine Grundrechte aufgenommen, während im Jahre 1918 bei den Beratungen zur Weimarer Verfassung das Gleichheitsprinzip als Grundrecht im Art. 109 WV Berücksichtigung fand. Die Tatsache, daß den Grundrechten in dieser Verfassung nicht der ihnen gebührende Rang der Unantastabrkeit im Kern eingeräumt wurde, führte mit zur Pervertierung des Gleichheitsgedankens durch den Nationalsozialismus. zum ganzen Zsh. §§ I, II BV von 1808, zitiert nach dem Abdruck in: Rimscha, 207; Einführung der BV von 1818, zitiert nach dem Abdruck in: Leukert, 2; RV von 1871, zitiert nach Boldt, 456-480; Art. 109 WV, zitiert nach Münch, Art. 3; auch Arndt, 182.

24 Meister, Das Schicksal Deutschlands liegt in der Hand ..., Sendung vom 17.5.95, Bayerischer Rundfunk, 20-21 Uhr.

Staatsziel unterstreicht. Es wird der Auftrag an den Staat erteilt, auf die tatsächliche Durchsetzung der Gleichberechtigung hinzuwirken.

Art. 3 III 1 GG enthält eine Aufzählung von Diskriminierungsverboten. Sie sind einerseits programmatisch bewußt und zukunftsorientiert in Einklang mit den tragenden Prinzipien des neuen, demokratischen Staates und andererseits mit dem eindeutigen Willen zur retrospektiven Abgrenzung von der Pervertierung des Begriffes Gleichheit durch den Nationalsozialismus ausgewählt worden. Der Wortlaut verbietet jede Diskriminierung wegen Geschlecht, Abstammung, Rasse, Sprache, Heimat und Herkunft, Glauben, religiöser und politischer Anschauungen. Mit dem ebenfalls erst 1994 eingefügten Art. 3 III 2 wurde das Verbot, Behinderte zu diskriminieren, festgeschrieben.

Die Grundrechte des Grundgesetzes sind alle als individuelle Schutzrechte konzipiert. Entsprechend dieser Ausgestaltung ist auch Art. 3 I GG als subjektiv-öffentliches Recht einzuordnen. Darüber hinaus ist zu erkennen, daß zwischen allen Freiheitsgrundrechten und dem Gleichheitssatz eine so entscheidende Interdependenz besteht, daß Art. 3 I auch als wesentliches Element der Verfassung und die Struktur des Rechtsstaates prägendes Prinzip zu werten ist.
Art. 3 I GG wird deswegen sowohl als Individualgrundrecht als auch als Strukturprinzip des Rechtsstaates verstanden[25].

b. Gleichheitsverständnis im Grundgesetz

Im Zuge der Diskussion um den Gleichheitssatz bei den Beratungen zum Grundgesetz 1949 auf Herrenchiemsee galt es, eine Entscheidung zu treffen, welche Konzeption des Begriffes Gleichheit maßgebend im Gesamtkontext der Verfassung sein sollte. Der seit Jahrhunderten bekannte, dargestellte Dualismus kam zum Tragen, und es war zu bedenken, ob „Gleichheit nach der Würdigkeit oder nach der Zahl“ dem zu schaffenden Gemeinwesen am ehesten entsprach[26]. Es mußte entschieden werden, ob der Gleichheitssatz des Grundgesetzes materiale oder formale Gleichheit meint und ermöglichen soll.

Die Formulierung des Art. 3 I spricht von einer Gleichheit vor dem Gesetz. Dies bedeutet, daß bei gleichen Voraussetzungen eine gleiche Behandlung zu gewähren ist. Eine Aussage, ob dies auch im Ergebnis Gleichheit zu bedeuten hat, ist in dem Satz vom Wortlaut her nicht enthalten. Dies ist ein Hinweis darauf, daß im Grundgesetz das Konzept materialer, rechtlicher Gleichheit vorherrscht.
Die Wertungen der Art. 1, 3 I ergeben auch, daß die „Freiheit, anders sein zu dürfen“, entscheidendes Merkmal der grundgesetzlichen Gleichheitskonzeption ist. Die Vorstellung formaler, faktischer Gleichheit bedeutet in der Konsequenz ihrer

---

25 Arndt, 183, Starck, Art. 3 I, Rdnr. 12-15, Schmidt-Bleibtreu, Art. 3, Rdnr. 9, 13, Münch, Art. 3, Rdnr. 1-4 .

26 Vgl. B.I.1.b.

Realisierung die Verneinung eben dieser Freiheit. Im Schwerpunkt ist Art. 3 I GG damit als Gewährleistung rechtlicher Gleichheit konzipiert[27] .

Fraglich ist, ob sich aus dem Gesamtverfassungszusammenhang etwas anderes ergibt und sich Elemente faktischer Gleichheit in bestimmten Feldern durchsetzen konnten.

Anspruch der Verfassungsgeber war es, eine freiheitliche, demokratische Gesellschaft, organisiert als soziale Marktwirtschaft, zu schaffen.
Dies setzt voraus, daß jedem Mitglied des Gemeinwesens nach Art. 1, 2 I GG die Freiheit gegeben wird, sich seinen Fähigkeiten entsprechend zu entwickeln.
Das Demokratieprinzip in Art. 20 I GG erfordert, allen Bürgern gleiche Beteiligungsrechte am Gemeinwesen einzuräumen.
Die Konzeption der sozialen Marktwirtschaft in Art. 12, 14, 20 I GG beinhaltet die Option, daß einige Mitglieder der Gesellschaft mehr Wissen, Reichtümer oder sonstige Güter anhäufen können, daß aber gleichzeitig ein soziales Netz aufgespannt wird, das Mitglieder der Gemeinschaft vor dem Abgleiten in den existentiellen Ruin bewahrt.

Auf diese Art und Weise ergibt sich aus dem Gesamtverfassungszusammenhang eine Modifizierung gegenüber dem Wortlaut des Art. 3 I GG, die als Vorgabe, eine Mischform mit Elementen materialer und formaler Gleichheit zu realisieren, zu verstehen ist[28] .

Ganz im Sinne rechtlicher Gleichheit werden allen die gleichen Möglichkeiten, am Gemeinwesen teilzunehmen, und die gleichen Chancen, sich zu entwickeln, eingeräumt. Wie sie diese nützen, bleibt ihnen überlassen. Daraus entstehende Ungleichheit ist deswegen durchaus hinzunehmen.
Der Grad der Ungleichheit darf einen gewissen Punkt aber nicht überschreiten. Hier kommt das Prinzip der faktischen Gleichheit zum Zuge, das eine gewisse Mindestausstattung zusichert. Erforderlich ist in diesem Zusammenhang vor allem eine Teilhabe im Sinne existentieller Basisversorgung.

Das Gefüge wird deutlich am Beispiel des Bildungssystems: Alle Schülerinnen und jeder Schüler durchlaufen gemeinsame Jahre und haben hier gleiche Chancen. Je nach Talent und Leistungen stehen jeder einzelnen Person nach vier Jahren und später immer wieder verschiedene Möglichkeiten offen. Im Laufe der Zeit sind angesichts der natürlich ungleichen Neigungen auch unterschiedliche Entwicklungen zu erwarten. Dennoch wird gewährleistet, daß jeder eine gewisse Mindestausbildung durchläuft[29] .

---

[27] Starck, Art 3 I, Rdnr. 3-5.
[28] Starck, Art. 3 I, Rdnr. 3-6.
[29] Herzog, Sp. 1185, 1186.

Mit der Grundgesetzänderung von 1994 wurde die Vorherrschaft des Prinzips rechtlicher Gleichheit zugunsten einer Ausdehnung faktischer Gleichheitstendenzen eingeschränkt; der Schwerpunkt des Gefüges wurde tendenziell verlagert[30]. Der in Art. 3 II 2 GG erteilte Auftrag an den Staat ist als Staatsziel formuliert und somit in seiner Realisierung nicht einklagbar. Aber der Satz ist nicht nur als bloße Absichtserklärung zu verstehen, sondern als Vorgabe für eine neue Politik: Anstelle einer statischen Politik, die Ungleichbehandlungen verhindert, wird nun eine dynamische Politik, die Ungleichheiten ausgleicht, gefordert[31]. Unabhängig von der exakten Schwerpunktsetzung ist für den Zusammenhang dieser Arbeit entscheidend, daß im Grundgesetz sowohl Elemente rechtlicher als auch faktischer Gleichheit im skizzierten Sinne vorgesehen sind.

2. Adressaten des Grundrechtes

Alle staatlichen Gewalten, die von Art. 3 I GG gebunden werden, sind Adressaten des Gleichheitssatzes.
Anwendungsgleichheit liegt vor, wenn Judikative und Exekutive gezwungen sind, die rechtlichen Normierungen für alle gleich auszulegen und durchzuführen. Dagegen impliziert Rechtsetzungsgleichheit, daß auch der Gesetzgeber verpflichtet ist.

a. Gleichheit der Rechtsanwendung und Gleichheit der Rechtsetzung

Historisch taucht diese Differenzierung erstmals in der Verfassung Bayerns von 1818 explizit auf. Die Verfassung bestimmt die „Gleichheit der Gesetze und vor dem Gesetze“[32] als Staatsziel. In dieser Formulierung sind sowohl Rechtsetzungsgleichheit als auch Rechtsanwendungsgleichheit enthalten. In der Preußischen Verfassung von 1850 wird nur von einer Gleichheit „vor dem Gesetze“[33] gesprochen. Diese Formulierung zieht sich über die Verfassungen des Deutschen Reiches bis hin in die Weimarer Verfassung. Es wurde allgemein angenommen, daß durch diese Formulierung nur die Gerichte und die Administration, nicht aber die legislative Gewalt gebunden werden.

In der Weimarer Republik entwickelte sich ein Streit darüber, ob die bisherige Auslegung aufrechtzuhalten war[34]. Mit dem Inkrafttreten des Grundgesetzes

---

30 Unabhängig von ihrer inhaltlichen Richtigkeit ist die Grundgesetzänderung formal bedenklich wegen der Selbstverständlichkeit, mit der im tagespolitischen Ringen die Verfassungsstruktur modifiziert wird und den Institutionen des Gemeinwesens grundrechtsrelevante und -gestaltende Entscheidungen übertragen werden.

31 Sannwald, 3313-3314.

32 Einführung zur BV von 1818, zitiert nach dem Abdruck in: Leukert, 2.

33 § 4 PV von 1850, zitiert nach dem Abdruck in: Boldt, 428.

34 Die Anhänger der einen Auffassung lasen neben dem Postulat der Rechtsanwendungsgleichheit auch das der Rechtsetzungsgleichheit und begründeten dies mit einem verfassungsrechtlichen Bedeutungswandel und rechtsvergleichenden Studien. Die Vertreter der bisherigen

wurde dieser Streit neu entschieden. Sowohl der Wortlaut der Art. 3 I, 1 III GG als auch der Wille des Gesetzgebers weisen darauf hin, daß Art. 3 I GG Wirkung für alle drei Gewalten[35] entfaltet[36].
Dies bedeutet, daß unter dem Grundgesetz sowohl das Prinzip der Anwendungsgleichheit als auch das der Rechtsetzungsgleichheit gelten. Adressat des Gleichheitssatzes sind demnach die Exekutive, die Judikative und die Legislative.

b. Wirkung der Bindung für die einzelnen Gewalten

Die Exekutive hat bei der Normanwendung dem Grundsatz, daß die Normierungen des Rechtes alle Personen in gleicher Weise berechtigen und verpflichten, Rechnung zu tragen. Sie muß gleiche Anwendung des Rechts gewährleisten, und es ist ihr verwehrt, ungerechtfertigt zu differenzieren. Mit einer einmal rechtmäßig geschaffenen Differenzierungsrealität schafft die Administration außerdem eine Selbstbindung.

Die rechtsprechende Gewalt muß bei der Auslegung der Normen ebenfalls auf Konformität mit dem Gleichheitssatz achten. Auch hier gilt das Gebot gleicher Normanwendung. Das im Verwaltungsbereich geltende Prinzip der Selbstbindung fällt für die Gerichte aber weg.

Die für den Gesetzgeber geltende Rechtsetzungsgleichheit bindet ihn, die verfassungsrechtlichen Entscheidungen des Art. 3 I GG bei der Gesetzeserstellung zu berücksichtigen, wirkt aber in gewisser Hinsicht flexibel: Der Gesetzgeber hat einen eigenen Spielraum, die Wertentscheidungen zu treffen, die seinen Gesetzen zugrunde liegen. Dieser ist im Rahmen gewährender Staatstätigkeit offener als bei repressiven Regelungen. Angesichts der generellen Geltung der in den Grundrechten verkörperten Werte sind die Entscheidungen in dem skizzierten Spielraum allerdings einer begrenzten Überprüfbarkeit durch das Bundesverfassungsgericht ausgesetzt.
Auch im Rahmen der exekutiven Normsetzung beim Erlaß von Rechtsvorschriften besteht eine Bindung wie für den Gesetzgeber[37].

Meinung wiesen dies unter Hinweis auf unerlaubte Rechtsfindung entschieden zurück. Wesentliche Anhänger der neuen Auffassung waren Triepel, Kaufmann und Leibholz. Sie fanden ihre Gegner in Anschütz, Apelt und Kelsen. Die Gerichte folgten der neuen Auffassung nicht. Hesse, AöR 109, 176-183 m.w.Nw.

35 BVerfGE 1, 14 (52).

36 Im Schrifttum wird dies vereinzelt angezweifelt und mit dem Hinweis darauf, daß dem Gesetzgeber der ihm eigene Spielraum über Wertentscheidungen genommen werde, wenn mit einer Bindung eine gerichtliche Überprüfung möglich ist, kritisiert. Eyermann, 45-53, Schweiger, 55-71. Dagegen ist einzuwenden, daß dem Gesetzgeber im Sinne der Gewaltenteilung ohnehin kein unbeschränkter Spielraum zusteht und dieses Element der institutionalisierten, gegenseitigen Kontrollbefugnis durchaus zu vertreten ist. Würtenberger, 69-71.

c. Drittwirkung des Gleichheitssatzes

Der Gleichheitssatz ist als Grundrecht zwar vor allem als Norm konzipiert, die dem Bürger zur Verfügung steht, um sich gegen staatliche Eingriffe zu wehren. Der Art. 3 I GG entfaltet als Strukturprinzip des Rechtsstaates aber auch Wirkung über dieses Verhältnis hinaus auf die privaten Beziehungen der Bürger untereinander. Eine unmittelbare Drittwirkung kann wie bei allen Grundrechten kaum angenommen werden, allerdings ist eine mittelbare Drittwirkung über die Generalklauseln der §§ 138, 826 BGB anerkannt[38].

In jedem Fall ist es erforderlich, den Gehalt des Gleichheitssatzes mit festen Maßstäben bestimmen zu können.

3. Der Gehalt des Gleichheitssatzes

Angesichts der Vielzahl vergleichbarer Sachverhalte und heranziehbarer Differenzierungskriterien fällt es sehr schwer, einen einheitlichen Gehalt des Gleichheitssatzes zu bestimmen. Dies ist bedingt durch die verfassungsrechtliche und reale Allgegenwart des Gleichheitskonzeptes. Eine wesentliche Gefahr besteht darin, daß Maßstäbe des Vergleiches verwendet werden, die sich bei genauerem Hinsehen als leere Hüllen erweisen.

a. Entwickelte Formeln

Die im Laufe der Jahre vom Bundesverfassungsgericht gebildete, klassische Formel fordert, „bei steter Orientierung am Gerechtigkeitsgedanken, Gleiches gleich und Ungleiches seiner Eigenart entsprechend verschieden zu behandeln“[39]. Im Lichte dieser Formulierung entwickelte sich die Interpretation des Art. 3 I GG als Willkürverbot. Der Gleichheitssatz gilt als verletzt, wenn „sich ein vernünftiger, sich aus der Natur der Sache ergebender oder sonstwie einleuchtender Grund für die gesetzliche Differenzierung nicht finden läßt, d.h. wenn die Regelung als willkürlich bezeichnet werden muß“[40].

Diese Aussagen werden oft verkürzt in der Formel zusammengefaßt, daß „weder wesentlich Gleiches willkürlich ungleich noch wesentlich Ungleiches willkürlich gleich“[41] behandelt werden dürfe. Die Feststellung, ob ein sachlicher Grund vorliegt oder eben nicht und damit ein Akt der Willkür anzunehmen ist, hat nach objektiven und nicht nach subjektiven Gesichtspunkten zu erfolgen. Der Gleich-

---

37 zum ganzen Zusammenhang Hesse, AöR 109, 185, 186, Schmidt-Bleibtreu, Art. 3, Rdnr. 16, 31 a, 32, Münch, Art. 3, Rdnr. 8 m.w.Nw.
38 Pieroth/Schlink, Rdnr. 202-214, Münch, Rdnr. 2.
39 BVerfgE 1, 14 (52f.), hier BVerfGE 3, 58 (135f.).
40 BVerfGE 12, 341 (348f.).
41 BVerfGE 4, 114 (155), BVerfGE 27, 346 (371).

heitssatz erhält in der Deutung als Willkürverbot somit eine erhöhte Transparenz[42]. Dennoch bleibt es schwierig, griffig zu bestimmen, in welchen Fällen Willkür vorliegt[43]. Es ist erforderlich, die abstrakten Forme(l)n mit Substanz zu füllen.

b. Gesetzliche Differenzierungsgebote, -verbote und -erlaubnisse

Aus dem Grundgesetz selbst lassen sich Anhaltspunkte für Differenzierungen herauslesen, die substantielle Kriterien zum Ausdruck bringen und eine bestimmte Unterscheidung fordern, erlauben oder gestatten. Die Auswahl der Differenzierungsmaßstäbe wird durch diese Wertungen erleichtert. Der allgemeine Satz des Art. 3 I GG wird, wie skizziert, in Art 3 II, III GG konkretisiert.

So werden im Zusammenhang der Art. 3 I-III GG selbst Differenzierungsverbote vorgegeben: Mit Art. 3 II GG wird eine Ungleichbehandlung von Mann und Frau ausgeschlossen, Art. 3 III GG verbietet Bevorzugung und Benachteiligung wegen des Geschlechtes, der Abstammung, der Rasse, der Sprache, der Heimat und Herkunft, des Glaubens sowie der religiösen und politischen Weltanschauung. Weitere Differenzierungsverbote enthalten Art. 33 I, II GG und Art. 38 I 1 GG, die gleiche staatsbürgerliche Rechte und Pflichten, gleichen Zugang zu den öffentlichen Ämtern und gleiches Wahlrecht garantieren.

Differenzierungsgebote sind enthalten in Art. 4 I GG, der die Glaubensfreiheit schützt, und in Art. 6 I, IV GG, in denen Ehe und Familie sowie Mutterschaft als zulässige Kriterien für eine Ungleichbehandlung genannt werden.

Eine sehr umfassende Differenzierungserlaubnis ist mit dem in Art. 20 I GG festgesetzten Sozialstaatsprinzip ausgesprochen. Ein weiteres Beispiel für eine Differenzierungserlaubnis ist Art. 137 I GG, in dem die Option, die Wählbarkeit von Beamten zu beschränken, angeführt wird[44].

c. Neue Rechtsprechung

Nachdem das Willkürverbot und das Erfordernis eines sachlichen Grundes zur Rechtfertigung lange Zeit die entscheidenden Begriffe in der Rechtsprechung des Bundesverfassungsgerichtes zum Gleichheitssatz waren, vollzog sich mit dem Beschluß des 1. Senats vom 7.10.1980 ein wesentlicher Wandel.

---

42 In Schrifttum und Lehre werden der Gleichheitssatz und das Willkürverbot zum Teil als unterschiedliche Rechtsinstrumente gewertet. Überwiegend wird jedoch angenommen, daß sie wie skizziert zusammengehören. für eine Unterscheidung Vogel, VVDSTRL, 64, Zippelius, VVDSTRL, 67, für die Zusammengehörigkeit Schiedermaier, VVDSTRL, 84, Stern, VVDSTRL, 92.

43 Beyer, 71.

44 Zippelius, VVDSTRL, 25, Starck, Art. 3 I, Fn 12-17 m.w.Nw.

Nach der dort verwendeten Formulierung ist der Gleichheitssatz verletzt, „wenn eine Gruppe von Normadressaten im Vergleich zu anderen Normadressaten anders behandelt wird, obwohl zwischen beiden Gruppen keine Unterschiede von solcher Art und solchem Gewicht bestehen, daß sie die ungleiche Behandlung rechtfertigen könnten"[45] [46]. Die entscheidende Neuerung liegt darin, daß Vergleichsgruppen gebildet werden. Es reicht nicht mehr die Angabe irgendeines sachlichen Grundes zur Rechtfertigung einer Ungleichbehandlung aus. Erforderlich ist vielmehr, daß die Gründe in Art und Gewicht hinreichend sinnvoll erscheinen und überzeugen.

Der 1. Senat hat die neu entwickelte Formel seitdem kontinuierlich benützt, und auch der 2. Senat hat den Wandel nach einiger Zeit vollzogen und seither Vergleichsgruppen in der Fortentwicklung seiner Rechtsprechung verwendet[47], so daß sich damit ein Gesamtwandel in der Rechtsprechung des Bundesverfassungsgerichtes zu Art. 3 I GG manifestiert[48].

Danach liegt eine nicht gerechtfertigte Ungleichbehandlung vor, wenn eine bestimmte Person bzw. Personengruppe in einer bestimmten Art und Weise rechtlich behandelt wird, eine andere Person bzw. Personengruppe in anderer Weise rechtlich behandelt werden und sich im Licht der Verfassung sinnvolle Gründe für die Differenzierung nicht finden lassen.
Im Ergebnis ist die Bedeutung der veränderten Formel vor allem in ihrer klarstellenden Funktion zu sehen. Nachdem die Formel die Überprüfung verlangt, daß zwischen den Vergleichsgegenständen Unterschiede von solcher Art und solchem Gewicht bestehen, daß sie die Differenzierung rechtfertigen können, wird überwiegend angenommen, daß in diesem Zusammenhang zudem eine Prüfung der Verhältnismäßigkeit durchzuführen ist. Dies bedeutet eine strengere und intensivere Gleichheitsprüfung als die Beschränkung auf eine bloße Willkürprüfung[49].

---

45 BVerfGE 55, 72 (88), auch BVerfGE 82, 60 (86).

46 In diesem Fall ging es um die Verfassungsmäßigkeit des § 528 III ZPO. Die Antragsteller hatten es als Inkonsequenz empfunden, daß für die Partei, die bestimmte Angriffs- und Verteidigungsmittel im 1. Rechtszug nicht optimal eingesetzt hat, diese zukünftig ausgeschlossen sind, während die Partei, die diese Mittel sorglos erst gar nicht eingesetzt hat, im 2. Rechtszug noch über sie verfügt. Das Gericht hielt die Ungleichbehandlung für nicht wesentlich, wies den Antrag zurück und hat die Verfassungsmäßigkeit des § 528 III ZPO bestätigt.

47 So wird im Zusammenhang der Entscheidung zur Künstlersozialversicherung der Gruppe des Betroffenen eine sachnahe Vergleichsgruppe gegenübergestellt, um festzustellen, ob ein sachlich einleuchtender Grund für die Ungleichbehandlung vorliegt. BVerfGE 75, 108 (157), auch BVerfGE 78, 249 (287).

48 BVerfGE 88, 87 ff.

49 zum ganzen Zusammenhang Schoch, DVBl. 1988, 875, 876, Böckenförde, VVDSTRL 96, 97, Martini, C.II.1-3 (45, 46, 57-59, 66), Riggert, 36-38, Wendt, NVwZ 1988, 778-781, auch Pieroth/Schlink, Rdnr. 500.

Dennoch erscheint es trotz der klareren Formulierungen und Maßstäbe auch so nicht möglich, der Formel einen für alle Fälle geltenden Gehalt zu geben.

Einige Ansätze in der Literatur versuchen, den Gehalt des Art. 3 I GG mit anderen Parametern zu erfassen. Als Anknüpfungspunkte werden der Gerechtigkeitsgedanke[50], der Zusammenhang der Gesamtverfassung[51], das Konzept der Systemgerechtigkeit[52], das Verhältnismäßigkeitsprinzip[53], die Prinzipien der Leistungsfähigkeit, Chancengleichheit und der sozialen Mindestausstattung[54] sowie Typisierungen[55] ins Feld geführt.
Aber auch hier hat sich herausgestellt, daß jede universell geltende Inhaltsbestimmung des Art. 3 I GG entweder in der Formelbildung verharren muß oder sich als nur partiell situativ erfolgreich erweisen kann[56]. Dieser Umstand mag sich bei einer zusammenfassenden Betrachtung der Gleichheitskonzeption erhellen:

Der Art. 3 I GG enthält historisch, teleologisch und im Lichte der Wechselwirkung mit dem übrigen Grundrechtskatalog der Verfassung mehrere Gebote: Das Prinzip der rechtlichen Gleichheit prägt das Rechtssystem als ein wichtiges Postulat; in vielen sozialen Bereichen treten aber auch Elemente faktischer Gleichheit hervor.
Eine einheitliche Gleichheitskonzeption ist im Grundgesetz nicht vorgesehen. Deswegen kann es auch keine „Zauberformel" geben, um den Gehalt des Gleichheitssatzes zu bestimmen und nach einem festen Schema festzustellen, ob ein Verstoß vorliegt oder nicht.
Selbst die Deutung des Bundesverfassungsgerichtes erlaubt es, für die Gleichheitsprüfung unterschiedliche Maßstäbe anzulegen, die vom einfachen Willkürverbot bis zu komplexen Verhältnismäßigkeitsvoraussetzungen reichen können. Dennoch ist die Formel als sachgemäße Differenzierungsbasis zu akzeptieren. Jeder Ansatz, den Gehalt des Gleichheitssatzes zu bestimmen, hängt allerdings von der jeweiligen Entscheidung ab, entweder ein Element rechtlicher oder faktischer Gleichheit in dem zu regelnden Bereich umzusetzen. Von wesentlicher Be-

---

50 Schoch, DVBl. 1988, 877.

51 Dürig, Art. 3 I GG, Rdnr. 3 ff., Zippelius, VVDSTRL, 29.

52 BVerfGE, 13, 331 (340), BVerfGE 59, 36 (49), Starck, Rdnr. 33-39, Zippelius, VVDSTRL, 30.

53 Gusy, JuS 1982, 33-35, Robbers, DÖV, 1988, 749-752 m.w.Nw., auch Münch, Art. 3, Rdnr. 13-17, Starck, Art. 3 I, Rdnr. 18-20, Schmidt-Bleibtreu, Art. 3, Rdnr. 23, 29, Huster, 65 ff.

54 Schoch, DVBl. 1988, 880, 881, Starck, Art. 3 I, Rdnr. 28.

55 BVerfGE 3, 148, BVerfGE 15, 151, Müller VVDSTRL, 50, 51, Huster, 273-304, 471, Starck, Art. 3 I, Rdnr. 31, auch Robbers, DÖV 1988, 754 m.w.Nw.

56 Kirchhof, § 124, Rdnr. 93, 94, Robbers, DÖV, 754-756, Schoch, DVBl. 1988, 877, 878, Müller, VVDSTRL, 50, 51, Zippelius, VVDSTRL, 29, 30.

deutung im Rahmen jeder Abwägung bleibt somit die zugrundeliegende Vorstellung von Gleichheit[57].

4. Träger des Grundrechtes

a. Individuen als Träger

Nach dem Wortlaut des Art. 3 I GG gilt der Satz für „alle Menschen“. In der Geschichte des Konzeptes Gleichheit waren die Träger enger umrissen. Jeder Athener Vollbürger, jeder Bayer, jeder Preuße und später jeder Deutsche galten als diejenigen, die sich auf die Gleichheit vor dem Gesetz berufen konnten[58].
Diese Fassungen überließen es der Staatsgewalt, zu bestimmen, wer nun eigentlich zum Kreis der Privilegierten gehört und wer nicht. Auch die in dieser Konstellation liegende Gefahr machte die Verbrechen des Nationalsozialismus unter dem Deckmantel „völkischer Gleichheit“ möglich. Als Reflex aus diesen Erfahrungen erschien unbedingt erforderlich, in Zukunft auszuschließen, daß es der Staatsgewalt gegeben ist, den Kreis der rechtlich Gleichen zu bestimmen.

Träger des Grundrechtes sind alle Menschen „sine conditio“. Diese Formulierung untersagt es der Staatsgewalt, zu entscheiden, wer berechtigter und wer nichtberechtigter Mensch ist. Es handelt sich damit um ein allgemeines Menschenrecht für In- und Ausländer, nicht nur um ein sogenanntes Deutschengrundrecht[59].
Nach Art. 19 III GG gilt der Gleichheitssatz auch für juristische Personen [60].

b. Gruppen als Träger

Die Grundrechte sind als Abwehrrechte der Bürger gegenüber dem Staat konzipiert. Fraglich ist, ob sich angesichts dieser Ausgestaltung zugunsten der Individuen auch Gruppen auf den Gleichheitssatz berufen können.
Es hat sich die Auffassung durchgesetzt, daß auch Gruppen durch den Art. 3 I berechtigt werden, wenn sie sich in ihrer Dichte quasi als eine Gestalt darstellen, die bestimmbar ist. Dies ist anzunehmen, soweit eine einheitliche Willensbildung als realistisch erscheint.

---

57 Huster, 455-473, Martini, J.IV. (312, 313).

58 Vgl. B.I.1.b., B.II.1.

59 Die Art. 1, 2, 3, 4, 5, 6, 13, 14, 17 GG sind als allgemeine Menschenrechte konzipiert, während die Art. 8, 9, 11, 12, 16 GG auf Deutsche beschränkt sind.

60 Der deutliche Menschenbezug des Satzes mag die Vermutung nahe legen, daß Institutionen sich nicht auf den Art. 3 I GG berufen können. Art. 19 III GG widerlegt diese Annahme mit der Feststellung, daß die Grundrechte, soweit ihrem Wesen nach anwendbar, auch für juristische Personen gelten. Zur Differenzierung zwischen in- und ausländischen juristischen Personen sei auf Münch, Art. 3, Rdnr. 6 und Art. 19, Rdnr. 33 verwiesen.

Eine einheitliche Willensbildung liegt vor, soweit die einzelnen Glieder in gewisser Weise organisch zusammengefaßt und in bestimmter Struktur organisiert sind. Es handelt sich so um konkret faßbare Gruppen. Dies sind zum Beispiel Parteien oder Unternehmensgrupppen. Diese Gruppen können sich auf den Satz berufen. Keine einheitliche Willensbildung herrscht dagegen bei abstrakten, losen Gruppen, die kaum organisch und strukturiert zusammengefaßt werden können. Dies sind Begriffe wie Mieter, Vermieter, Handwerk oder Industrie. Sie kommen nicht als Rechtsträger im Sinne des Art. 3 I GG in Betracht.

Diese Sichtweise trägt der Analogie faßbarer Gruppen zu juristischen Personen Rechnung[61], zieht aber einen Trennstrich, soweit eine einheitliche Willensbildung ausgeschlossen erscheint[62].

Als Strukturprinzip des Rechtsstaates wirkt Art. 3 I GG also zugunsten aller Menschen und bindet alle drei Gewalten. Schon allein angesichts der Tatsache, daß jede staatliche Entscheidung von Menschen getroffen wird, und unabhängig vom Ausmaß der Drittwirkung strahlt das Prinzip der Gleichbehandlung in alle gesellschaftlichen Bereiche und auf das Verhältnis der Bürger untereinander aus.

III. Entwicklungstendenzen in der Rechtsprechung des BVerfG und des EuGH

Das Verständnis des Gleichheitssatzes als einer Garantie für das Individuum scheint sich im Zuge eines Wandels in Gesetzgebung und Rechtsprechung langsam zu verändern. Dies manifestiert sich schon in der Terminologie. Mit dem zitierten Beschluß des Bundesverfassungsgerichtes rücken „Gruppen von Normadressaten" in den Mittelpunkt der Beurteilung[63] - das Individuum kommt in dieser Formel nicht vor. Dem liegt die Auseinandersetzung um die zwei entgegengesetzten Vorstellungen von Gleichheit zugrunde, die hier wieder zum Tragen kommt.

Soll der Gleichheitssatz für alle Individuen gleiche Ausgangspositionen im Sinne rechtlicher Gleichheit garantieren, oder ist er als ein gesamtgesellschaftliches Ausgleichsinstrument zu verstehen, das bestimmten Gruppen zu faktischer Gleichheit verhelfen soll? Hat sich diesbezüglich ein Wandel vollzogen?

Dies war eine der zentralen Fragen, mit der sich die Staatsrechtslehrer auf ihrer Tagung von 1988 beschäftigten und versuchten, neu zu beantworten. Im Zusam-

---

61 An sich faßbare Gebilde wie Gemeinden und Kreise als Staatsorgane können sich angesichts der Konzeption der Grundrechte als Abwehrrechte gegen den Staat nicht auf Art. 3 I GG berufen. Dies gilt auch bei Eingriffen in ihre Rechte aus Art. 28 GG. Mit Blick auf die dargestellte Teleologie des Art. 3 I GG ist dies durchaus vertretbar.

62 zum ganzen Zusammenhang Münch, Art. 3, Rdnr. 7 m.w.Nw.

63 BVerfGE 55, 72 (88).

menhang eines rechtsvergleichenden Referates wurde darauf hingewiesen, daß im Schweizer Recht Gleichheit als Individualgrundrecht konzipiert ist. Dennoch sei es möglich, den vielen Interessengruppen gerecht zu werden. Solange mit wechselnden Mehrheiten ein Gesamtkonsens in der Willensbildung gewährleistet ist, ist demnach kein spezieller Minderheitenschutz erforderlich[64].

Die Quotendiskussion war eines der zentralen Themen[65]. Auf den Punkt gebracht wurde die Diskussion in dem Hinweis, daß Quoten die Gefahr eines kollektivistischen Gleichheitsverständnisses bergen und das Individualgrundrecht in sein Gegenteil verfälscht werde, wenn es aus kollektivistischer Perspektive interpretiert werde. Soweit eine staatliche Verpflichtung und Berechtigung zur Diskriminierung des einzelnen aus Gründen statistischer Gleichheit bejaht wird, um bestimmte Gruppenunterschiede auszugleichen, ergebe sich das Phänomen doppelter oder umgekehrter Diskriminierung[66].

Umgekehrte Diskriminierung liegt vor, wenn einzelne angesichts der Bevorzugung einer bestimmten Gruppe Benachteiligungen erfahren. Nicht mehr im Individuum gründende Eigenschaften, sondern Gruppenzugehörigkeit ist die Basis der Differenzierung. Nicht mehr die Qualitäten des einzelnen, sondern quantitative Aspekte ohne Bezug zur Sachfrage wirken entscheidungsbildend. Es kristallisiert sich so die Tendenz heraus, daß die individuale Schutzwirkung des Art. 3 I GG mit der Ausweitung zum Gruppengrundrecht gefährdet ist.

In diesem Licht erscheint es sinnvoll, sich die Originalkonzeption des Gleichheitssatzes und die Rolle und Bedeutung der ambivalenten Elemente rechtlicher und faktischer Gleichheit im Zusammenhang der Norm vor Augen zu führen.

Die Grundrechte, so auch Art. 3 I GG, sind als Individualrechte konzipiert. Eben deswegen ist im Sinne rechtlicher Gleichheit zu gewährleisten, daß jedem Individuum gleiche Voraussetzungen geboten werden und es jedem Individuum in gleicher Weise freisteht, sich zu entfalten[67].
Gleichzeitig ist durch die Elemente faktischer Gleichheit zu garantieren, daß auch Ausgleich zwischen Gruppen stattfinden und die existentielle Mindestausstattung

---

64 Müller, VVDSTRL, 55-57.

65 Erörtert wurde u.a., warum Quoten notwendig erscheinen und woher die Hilflosigkeit kommt, sich dieses Mittels bedienen zu müssen. Es artikulierte sich die Meinung, daß Quoten kein wünschenswertes Mittel darstellen, da der Benachteiligte, der mittels Quote bevorzugt werden soll, beliebig vermehrbar sei. Dagegen wurde vorgebracht, daß gerade die Geschlechtergleichstellung ein wichtiges Anliegen des historischen Gesetzgebers war und Quotenregelungen deswegen durchaus angebracht seien. Hoffmann-Riem, VVDSTRL, 84, Schiedermaier, VVDSTRL, 85, Schneider, VVDSTRL, 107, Lange, VVDSTRL, 108, 109.

66 Murswiek, VVDSTRL, 109.

67 Trotz der dogmatischen Verankerung als subjektiv-öffentliche Rechte wurde schon 1955 vereinzelt die Anerkennung von öffentlich-rechtlichen Gruppenrechten gefordert. Krüger, DVBl. 1955, 178-180, 208-213

im Gemeinwesen gesichert werden kann. Dies darf aber nicht so weit gehen, daß sich der Wille zur Gleichbehandlung in sein Gegenteil verkehrt. Dies ist auch bei der Beurteilung der Verfassungsmäßigkeit von Quotenregelungen zu bedenken[68].

Das angesprochene Bild von der Münze mit den beiden Seiten scheint hier wieder auf. Freiheit ist nur auf der Grundlage der Gleichheit möglich, Gleichheit nur auf der Grundlage von Freiheit. Es muß die Freiheit geben, anders sein zu dürfen, und es muß gleiche Teilhabe gewährleistet sein. Zwischen den Extremen die richtige Stellung zu finden, um die Münze nicht umfallen zu lassen, das ist der Balanceakt, den der Normanwender angesichts immer neuer Realitäten bewältigen muß.

Seit der Tagung der Staatsrechtslehrer setzten sich in der Interpretation des Gleichheitssatzes die zwei entgegengesetzten Tendenzen fort: Mit der Neufassung des Art. 3 GG vom 27.10.1994 wurde die Gleichstellung von Männern und Frauen deutlich nicht nur als Ausgangspunkt, sondern als Ziel staatlichen Handelns gesetzt. Damit wurde ein Schritt in die Richtung faktischer Gleichheit getan.

Mit dem EuGH-Urteil vom 17.10.1995 wurde festgestellt, daß die Quotenregelung im Bremer Gleichstellungsgesetz gegen Normen des europäischen Rechts verstößt[69]. Das Gesetz sah vor, bei gleicher Qualifikation von Bewerbern unterschiedlicher Geschlechter in Bereichen, in denen weibliche Mitarbeiter unterrepräsentiert sind, automatisch diesen den Vorzug einzuräumen. Dies war nach Auffassung der Richter nicht mit Art. 2 I und IV der Richtlinie 76/207 EWG des Rates vom 9.2.1976 vereinbar, da es die männlichen Mitarbeiter einseitig diskriminiere[70]. Diese Entscheidung ist ein Bekenntnis gegen umgekehrte Diskriminierung und alle damit einhergehenden Tendenzen sowie für das Konzept rechtlicher Gleichheit.

Ausgehend von diesen Gleichheitsbegriffen ergibt sich in der Gleichheitskonzeption ein Widerspruch, der sich in der Interpretation des Gleichheitssatzes fortsetzt und sich nicht ohne weiteres auflösen läßt. Je nach den gerade bestimmenden Faktoren schwingt die Interpretation nach der einen oder anderen Seite aus wie ein Pendel. Entscheidende Aufgabe und Verpflichtung des Rechtsanwenders ist es, jeweils eine an den Vorgaben des Rechtsstaates gemessene Balance in der Interpretation anzustreben.

Die Entwicklung des Prinzips Gleichbehandlung scheint, wie skizziert wurde, in einer konstanten Dualität zu verlaufen. Jede Differenzierung bewegt sich dabei

---

68 Die Verfassungsmäßigkeit von Quotenregelungen ist für diese Arbeit nicht von Bedeutung und wird deswegen nicht weiter erörtert.

69 EuGH, NJW, 95, 3109, 3110

70 Sachs, JuS 96, 350, 351

zwischen den Polen rechtlicher und faktischer Gleichheit und den mit ihnen einhergehenden Implikationen. Dem Zustandekommen dieser immer wiederkehrenden Dualität wird in seiner Entwicklung in der Folge nachgegangen.

C. Aspekte moderner Evolutionsbiologie

Dieser Abschnitt zeichnet eine Skizze des wissenschaftlichen Feldes der Evolutionsbiologie einschließlich ihrer relevanten Teildisziplinen. Trotz der juristischen Verankerung dieser Arbeit wird dieses Thema ausführlich behandelt, da ein Verständnis der Evolutionsmechanismen Voraussetzung für die angestrebte Betrachtung natürlicher Tendenzen zur Gleich- oder Ungleichbehandlung ist. Darüber hinaus erscheint eine detaillierte Darstellung sinnvoll, da die grundlegenden Prinzipien oberflächlich zwar weitgehend bekannt sind, aber tatsächlich in ihrer Funktionsweise erschreckend oft mißverstanden werden.

Die Entwicklung der Gesamtdisziplin wird in drei Einzelkapiteln dargestellt. Zunächst wird auf die Disziplinbegründung durch Lamarck und Darwin, ihre Erkenntnisse und die prinzipiellen Unterschiede in beiden Konzeptionen eingegangen. Anschließend werden die systematischen Weiterentwicklungen der ethologischen Schule und die perspektivisch neu fundierten Aussagen der Soziobiologen dargestellt und verglichen. Abschließend werden die den Erkenntnissen innewohnenden Konsequenzen in Hinblick auf rechtliches Verhalten im Sinne von Gleich- und Ungleichbehandlung beleuchtet und auf ihre Richtigkeit überprüft.

Evolutionsbiologie wird definiert als der Zweig der Biologie, der sich mit dem Phänomen der Veränderlichkeit von Arten beschäftigt. Zu den der Transmutation unterworfenen Arten wird ausdrücklich der Mensch gezählt. Untersucht werden außerdem die Gesetzmäßigkeiten der Veränderung. Das Verhältnis der angesprochenen Denkschulen und Teildisziplinen wird verständlich aus einem groben Überblick über das gesamte Feld.

Jede Disziplin in der Wissenschaft kann als ein Schichtengefüge mehrerer aufeinander aufbauender Einzeldisziplinen betrachtet werden[1]. Eine solche Einteilung kann auch die Struktur der Evolutionsbiologie treffend verdeutlichen. Soweit Biologen sich mit den konstituierenden Einheiten jeder biologischen Struktur auseinandersetzen, sind ihre Studienobjekte Moleküle. Die Forschungsebene ist die Molekularbiologie. Auf einer darüber liegenden Ebene geht es um das Studium einzelner Zellen, dieses Feld wird auch als Zellstrukturbiologie beschrieben. Zwei weitere, auf den genannten aufbauende Teildisziplinen sind die Verhaltensbiologie oder Ethologie sowie die Populationsbiologie oder Soziobiologie. Diese unterscheiden sich wiederum nach der Ebene der Betrachtung. Schwerpunkt der Ethologie ist das Studium einzelner Lebewesen und ihres Verhalten. Die Sozio-

---

[1] Das Schichtengefüge wird deutlich am Beispiel der Physik. Die neu entdeckte Disziplin der Elementarteilchenphysik ist Grundlage für die Atomphysik, auf der wiederum die Molekularphysik aufbaut.

biologie wählt als Studienobjekt ganze Populationen und deren soziales Verhalten[2].

Gemeinsam ist all diesen Einzeldisziplinen, daß sie entscheidende Aussagen über die Evolution und ihre Mechanismen machen. In Hinblick auf die den Erkenntnissen folgenden Konsequenzen sind zum Teil aber erhebliche Divergenzen festzustellen.

I. Grundzüge der Evolutionslehre bei Darwin und Lamarck

Grundlegender Aspekt der Evolution ist, daß die Arten nicht als Konstanten geschaffen sind, sondern sich nach bestimmbaren Gesetzmäßigkeiten graduell und kontinuierlich verändern. Im 19. Jahrhundert haben sich zwei vorherrschende Theorien für das Phänomen Evolution entwickelt, die eng geknüpft sind an die Namen der Wissenschaftler, die sie entscheidend geprägt haben: Jean Baptiste Lamarck und Charles Darwin.

1. Die Thesen Jean Baptiste Lamarcks

Mit seiner Schrift "Philosophische Zoologie", die im Jahre 1809 veröffentlicht wurde, behauptete Lamarck erstmals die Veränderbarkeit der Arten. Als Dozent und Wissenschaftler hatte er sich einen Namen mit der Erstellung eines neuen Systems der Einteilung wirbelloser Tiere[3] gemacht und auch ein System der Einteilung aller Lebewesen[4] hervorgebracht, das das herrschende von Linnés in den Schatten stellte. Mit seiner Annahme, daß die Arten Gesetzen der Veränderung unterworfen seien, wurde er zum Begründer der Entwicklungslehre[5].

a. Ausgangspunkt

Lamarck geht vom Lebensraum der Tiere einer Art aus und stellt fest, daß je nach Raum verschiedene Verhältnisse herrschen, die sich verändern können. Jede Modifikation in den Verhältnissen bewirkt neue Bedürfnisstrukturen der Tiere. Um die veränderten Bedürfnisse erfüllen zu können, sind vom ursprünglichen

---

2 Diese Einteilung ist nicht mit einer wertbehafteten Rangordnung zu verwechseln, es geht schlichtweg um eine Einteilung, deren Darstellung sich an der Größe der Studienobjekte orientiert. Wilson, Aufz. v. 29.11.94.

3 Lamarck, 40-42.

4 Lamarck, 43-66, 86-88.

5 Zu seinen Lebzeiten 1744-1809 erregten seine Erkenntnisse wenig Aufsehen, fanden kaum Verbreitung und wurden weitgehend übergangen. So verlief sein Forscherleben weitgehend ohne Mitstreiter und ohne Widersacher. Zu dem Schmerz hierüber kam eine Augenerkrankung, die zu völliger Blindheit führte. In der Fortführung seiner Projekte standen ihm allein seine Töchter Rosalie und Cornelie zur Seite, die auch seinen Ruhm in der Nachwelt antizipierten. Kühnert, 9-32.

Verhalten abweichende Verhaltensstrategien erforderlich. Die Veränderungen im Verhalten ziehen neue Versionen des Gebrauchs der Körperorgane nach sich.

b. Gesetzmäßigkeiten

Aus dieser Konstellation ergeben sich nach Lamarcks Konzeption zwei maßgebende Gesetze, die für die Entwicklung der Arten verantwortlich sind.
Erstens kräftigt der häufige Gebrauch eines Organs dasselbe und entwickelt es fort. Bei Nichtgebrauch wird ein Organ unmerklich schwächer und unbedeutender.
Zweitens können alle Organveränderungen, die entweder durch Fortentwicklung oder durch Regression erreicht werden, durch Fortpflanzung auf die Nachkommen vererbt werden[6] .

Im Zentrum des Konzeptes der Evolution von Lamarck stehen somit die Vorstellungen von der Veränderbarkeit der Organe durch modifiziertes Verhalten und von der erblichen Weitergabe der erworbenen Modifizierung. Dies sei am folgenden Beispiel konkretisiert.

Ein Beispiel: Ausgegangen wird von einer Finkenart, deren Lebensraum eine isolierte Insel im Atlantik ist. Die normale Nahrung der Finken auf der Insel sind die Samen des auf der Insel weitflächig wachsenden Hohlgrases. Der Ufer- und Küstenstreifen gehört kaum zum Lebensraum.
Angesichts gesteigerter Populationszahlen sind einige der Finken gezwungen, ihre Nahrungssuche auf die Territorien des Ufer- und Küstenstreifens auszudehnen. Grassamen sind dort kaum zu finden, deshalb werden neue Strategien versucht. Einige der Finken, die mit einem besonders harten Schnabel ausgestattet sind, erwerben die Fähigkeit, bestimmte Muscheln mit dem Schnabel zu knacken. Anderen gelingt dies nicht.
Die Finken mit dem harten Schnabel entwickeln nach Lamarcks Konzeption ihre Fertigkeit im Muschelknacken nun fort. Der häufige Gebrauch des Schnabels bewirkt eine ständige Stärkung und Perfektion des Organs. Die muschelknackenden Finken geben diese Veränderung mit dem Erbgut an die nächste Generation weiter. So entsteht eine neue Generation von Finken mit starken Schnäbeln im Lebensraum Ufer- und Küstenstreifen, die sich von den Artgenossen im Binnenraum unterscheiden. Die Auseinanderentwicklung kann zu neuer Artbildung führen.

Soweit diese Entwicklung als generelles Gesetz formuliert wird, ergibt sich bei Lamarck ein klares Prinzip der Evolution, das sich anhand der Skizze im Anhang erhellt und sich wie folgt zusammenfassen läßt:[7]
Ein Lebewesen wird mit einer bestimmten genetischen Disposition geboren. Die Verhältnisse des Lebensraumes und die Bedürfnisse des Tieres können zu einem Verhalten führen, das eine erfolgreiche Neuerung im Verhaltensrepertoire dar-

6 Lamarck, 68-73.
7 Vgl. Skizze 2 im Anhang.

stellt. Der Begriff "erfolgreich" ist unter dem Aspekt erhöhter Überlebenschancen zu sehen. Das oft wiederholte Verhalten bewirkt in der Folge die Fortbildung bestimmter Organe und sukzessiv eine Modifikation der genetischen Disposition[8]. Diese kann an die Nachkommen weitergegeben werden, die so ihrerseits höhere Überlebenschancen genießen.

c. Die Stellung des Menschen

Lamarck spart den Menschen in seinem Entwurf nicht aus, allerdings behandelt er das Thema der Anwendbarkeit seines Modells auf den Menschen sehr vorsichtig in hypothetischer Form. Einerseits kommt er zu der Erkenntnis, daß es angesichts der Parallelen im Körperbau sehr wohl möglich ist, daß der Mensch sich aus der „vollkommensten Affenrasse“ als neue Art entwickelt hat. Andererseits betont er die wesentliche Verschiedenheit zwischen Menschen und Affen, die sich mit der menschlichen Sprachbildung und der damit einhergehenden Vorherrschaft manifestiert. Obwohl er auch für das Erlangen der Vorherrschaft und die Sprachentwicklung evolutive Maßstäbe der Erklärung findet, zieht sich Lamarck in der Quintessenz seiner Überlegungen wieder auf die sichere Position des Schöpfungsglaubens zurück und behandelt seine Reflexionen als reine Fiktion.[9] .

2. Die Thesen Charles Darwins

Charles Darwin gilt heute als der Wissenschaftler, der die Entwicklungslehre in ihrer heute akzeptierten Form entwickelt hat[10]. Er entwickelte seine Thesen im Gefolge einer Weltreise auf dem Vermessungsschiff "Beagle", das ihn bis zu den Galapagos-Inseln führte. Als Darwin 1859 sein Hauptwerk "Die Entstehung der Arten" veröffentlichte, brach in der Wissenschaftswelt eine ungeahnt heftige Auseinandersetzung aus[11]. Die Diskussion spaltete in der ganzen Welt der

---

[8] Lamarck, 73-78.

[9] Lamarck, 88-91.

[10] Darwin, der von 1809-1882 lebte, hatte anders als Lamarck das Glück, zusammen mit einer Gruppe gleichgesinnter Naturforscher zu wirken, die sich gegenseitig stärkten und unterstützten. Dies waren insbesondere Sir Charles Lyell, Joseph Hooker, Thomas Huxley und Alfred Wallace. Stone, 592.

[11] Tatsächlich ist es ein Treppenwitz der Weltgeschichte, daß die Evolutionslehre ausschließlich mit dem Namen Darwin verbunden wird. Statt Darwinismus hätte sich die Bezeichnung Wallacismus durchsetzen können. Zeitgleich mit Charles Darwin entwickelte nämlich Alfred Wallace während einer Forschungsreise gleichlautende Ansichten über die Veränderlichkeit der Arten und die diesbezüglichen Kausalmechanismen. Als dies bekannt wurde, stellten aus Gründen der Fairneß Lyell und Hooker beide Auffassungen der "Linnean Society" vor. Die beiden Forscher blieben sich zeitlebens freundschaftlich verbunden, allerdings konnte Darwin sich später mit seinem Hauptwerk gegenüber Wallace, der noch lange reiste, in der Öffentlichkeit durchsetzen. Vgl. Francis Darwin, Briefe, C. Darwin an C. Lyell, June 18, 25, 26, 1858, C. Darwin an J. Hooker, June 29, 1858, Band I, 472-477, C. Darwin an A. Wallace, May 28, 1864, April 20, 1870, Band II, 271, 272, 301.

Wissenschaft Universitäten, Kirchen und selbst Familien[12] [13]. Der Sturm, den sein später erschienenes Werk "Die Abstammung des Menschen“ entfachte, war dagegen vergleichsweise mild[14].

a. Ausgangspunkt

Darwin geht davon aus, daß die Individuen einer Art nicht genau gleich beschaffen sind und daß die insoweit existierenden Unterschiede zumindest zum Teil ererbt sind. Soweit nun eine veränderte Situation im Lebensraum auftritt, verhalten sich die Lebewesen wegen der bestehenden Unterschiede in der Folge nicht uniform. So ergeben sich Varianten der Anpassung an die neuen Lebensverhältnisse.

Je nach Art des angepaßten Verhalten erfahren einige Lebewesen Vorteile im Lebensraum. Dies kann sich zum Beispiel auf Nahrungsressourcen oder Schutz vor Feinden beziehen. In der Folge können sich diese Lebewesen erfolgreicher fortpflanzen als die benachteiligten Artgenossen. Deswegen nimmt Darwin eine natürliche Situation der Konkurrenz unter den Lebewesen an. Er nennt dies den "Kampf ums Dasein". Aus dieser Auseinandersetzung gehen einige Individuen hervor, die mehr Nachkommen haben als andere. Dieser Prozeß ist laut Darwin das Prinzip der natürlichen Selektion[15].

b. Gesetzmäßigkeiten

Das Prinzip der Selektion steht im Mittelpunkt der von Darwin entwickelten Systematik und ist für ihn die wesentliche Antriebskraft der Evolution. Veränderung von Generation zu Generation ergibt sich nun nicht mehr durch Anpassung und Vererbung des Erworbenen, sondern durch Anpassung, daraus resultierenden Fortpflanzungserfolg und in der Folge zahlenmäßige Überlegenheit und Konzentration von Individuen mit anpassungsfähigen Erbmassen. Insofern sieht Darwin eine Parallele zur künstlichen Zuchtwahl. Bei der natürlichen Zuchtwahl ist es, wie er ausführt, die Natur selbst, die bestimmt, welche vererbbaren Merkmale Fortpflanzungserfolg versprechen und sich durchsetzen können[16]. Dies sei am folgenden Beispiel illustriert.

---

12 Während sich viele der damals bekannten Wissenschaftler gegen die Veränderlichkeit der Arten und die so implizierte Kritik an der Schöpfungsgeschichte aussprachen, fand sich überall eine Generation von Wissenschaftlern, die die Gedanken begeistert aufgriff und gegen Angriffe verteidigte. Als Beispiel sei nur die Auseinandersetzung zwischen Louis Agassiz und Asa Gray an der Harvard University genannt. Vgl. Francis Darwin, Charles Darwin, A. Gray an J. Hooker, Jan 5, 1860, 224, 225, 226 Fußnote und Stone, 536.

13 Gelegentlich erfuhr Charles Darwin selbst in seiner harmonischen Ehe mit der sehr religiösen Emma Wedgwood Vorbehalte. Stone, 360, 361, 455-457.

14 Stone, 606, 607.

15 Darwin, Entstehung, 2. Kapitel, 77, 3. Kapitel, 99-102, 4. Kapitel, 120-124.

16 Darwin, a.a.O., 4. Kapitel, 120, 126, 135-137, 184.

Ein Beispiel: Ausgegangen wird wiederum von einer Finkenart, deren Lebensraum eine isolierte Insel im Atlantik ist. Die normale Nahrung der Finken auf der Insel sind die Samen des auf der Insel weitflächig wachsenden Hohlgrases. Der Ufer- und Küstenstreifen gehört kaum zum Lebensraum. Die Konstellation gesteigerter Populationszahlen führt zur Erschließung des Nahrungsraumes Ufer- und Küstenstreifen. Es zeigt sich, daß einige der Finken dank ihres harten Schnabels Muscheln knacken können. Anderen gelingt dies nicht.
Angesichts des so erschlossenen Nahrungspotentials können die muschelknackenden Finken den Ufer- und Küstenbereich als neuen Lebensraum nützen. Es bilden sich Paare muschelknakkender Finken. Das neue Nahrungspotential und die so erreichte Flexibilität haben weitere Folgen: Bei Muschelknappheit können sie auf Grassamen als Nahrungsquelle zurückgreifen. Die nicht muschelknackenden Finken vermögen mangels Begabung umgekehrt nicht, bei Grassamenknappheit auf Muscheln auszuweichen. Den muschelbegabten Finkenpaaren eröffnen sich in der Folge mehr Möglichkeiten, sich erfolgreich fortzupflanzen.
Sie können zwar nicht die Fortentwicklung ihres Schnabels vererben, allerdings ist die Wahrscheinlichkeit, daß ihre Jungen auch harte Schnäbel haben, höher als bei Paaren mit weichem Schnabel. In Anbetracht des verbesserten Nahrungspotentials und der höheren Flexibilität können sie mehr Nachkommen aufziehen. Die nicht muschelbegabten Finkenpaare sind wegen des limitierten Nahrungsangebotes nicht in der Lage, so viele Nachkommen aufzuziehen. So können neue Generationen von Finken mit starken Schnäbeln entstehen, die die weniger zahlreichen Nachkommen mit weichen Schnäbeln mit der Zeit überflügeln.

Neu im Konzept Darwins und entscheidend für das Fortschreiten des evolutiven Prozesses ist das Phänomen der Selektion der am besten Angepaßten. Auch hier sei auf die Skizze im Anhang verwiesen[17].
Jedes Lebewesen wird mit einer genetischen Disposition geboren, die sich von der seiner Artgenossen zumindest in einigen Punkten unterscheidet. Im Gefolge veränderter Lebensverhältnisse treten angesichts der individuellen Unterschiede vermehrt Variationen im Verhalten auf, die sich wiederum unterschiedlich auf den Erfolg der Lebewesen im "Kampf ums Dasein" auswirken. Die Verhaltensstrategien eines Lebewesens bestimmen, wie oft es sich fortpflanzen kann. Allein durch die Gelegenheit, das Angeborene oft weiterzugeben, steigt die Wahrscheinlichkeit, daß die Neigung zu dem Verhalten, welches günstig in Hinblick auf den Reproduktionserfolg ist, in Folgegenerationen öfter auftritt und sich schließlich durchsetzt[18].
Ein Lebewesen, das ein bestimmtes Verhalten an den Tag legt, das ihm ermöglicht, sich viermal fortzupflanzen, wird nach nur zwei Generationen sechzehn Nachkommen haben, während ein Lebewesen, dessen Verhalten nur zwei Nachkommen pro Generation erlaubt, sich im gleichen Zeitraum nur vierfach reproduziert[19].

---

17 Vgl. Skizze 2 im Anhang.
18 Darwin, Entstehung, 4. Kapitel, 136, 184-188.
19 Vgl. Skizze 3 im Anhang.

c. Die Stellung des Menschen

Obwohl Darwin sich während seiner Arbeit am Werk "Die Entstehung der Arten" kaum damit auseinandersetzte, inwieweit seine Erkenntnisse auf den Menschen anwendbar sind, folgte später eine ausführliche Abhandlung hierzu mit dem Titel "Die Abstammung des Menschen". Im Zentrum des Werkes stehen zwei für die damalige Zeit revolutionäre Thesen. Erstens behauptet Darwin, daß Menschen und Tiere sich nicht grundlegend, sondern nur graduell unterscheiden, und führt dazu eine große Zahl von Beweisen hinsichtlich Verhaltens und Körperbaus an. Seiner Auffassung nach ist es wirklichkeitsfremd, den Menschen als Lebewesen zu behandeln, das außerhalb der für Tiere geschaffenen Ordnung steht[20]. Zweitens erkennt er, daß die Prinzipien der natürlichen Zuchtwahl auf den Menschen ebenso wie auf alle Tiere anzuwenden sind und daß eben diese Prinzipien kausal für die reale Vervollkommnung der Lebewesen und ihrer Fähigkeiten waren[21]. Mit diesem gedanklichen Schritt geht Darwin selbst über die Ansichten der fortschrittlichen Wissenschaftler seiner Zeit hinaus[22].

3. Verifizierte Eckpunkte der Entwicklungslehre

a. Diskussion

Die von Lamarck beschriebenen Gesetze spiegeln sich zum Teil in den Gedanken und Konzeptionen Darwins wider. Das erste Gesetz Lamarcks wird von Darwin als wichtiger evolutiver Prozeß erkannt, mehrfach in seinen Schriften bestätigt und weiterentwickelt[23]. Die Fortbildung von Organen im Gefolge veränderter Lebensverhältnisse ist in den Systemen beider Forscher wesentliches Element. Obwohl er sich gegen mögliche Gemeinsamkeiten ausdrücklich verwehrt[24], baut Darwin also auf Lamarck auf.

An die Stelle des zweiten Gesetzes von Lamarck rückt bei Darwin eine differenziertere Auffassung. Er erkennt, daß sich nach den Vererbungsregeln nicht erworbene, sondern nur angeborene Merkmale weitergeben lassen. Aus diesem Grund vertritt er eine modifizierte Auffassung in Hinblick auf die Vererbung[25]. Entscheidend für die zukünftige Verbreitung eines erfolgreichen Merkmales ist

---

20 Darwin, Abstammung, 6. Kapitel, 162, 163.

21 Darwin, a.a.O., 2. Kapitel, 52, 5. Kapitel, 141-143.

22 Selbst der Forscherkollege Wallace vertritt zum Menschen nicht diese extremen Ansichten, was sich als offene Meinungsverschiedenheit in den Schriften widerspiegelt. Darwin, Abstammung, 3. Kapitel, 54, 5. Kapitel, 140 und Francis Darwin, Briefe, C. Darwin an A Wallace, Jan 30, 1871, Band II, 314, Fußnote.

23 Darwin, Entstehung, 1. Kapitel, 36, 37, 5. Kapitel, 191.

24 Francis Darwin, Briefe, C. Darwin an C. Lyell, Oct 11, 1859, Band II, 10.

25 Darwin, Entstehung, 4, Kapitel, 136.

ausschließlich die Häufigkeit seines Auftretens in Folgegenerationen, die vom Fortpflanzungserfolg des Lebewesens abhängig ist.

Auf dieser Grundlage gelangt Darwin mit der Erkenntnis des Prinzips der natürlichen Selektion zu der entscheidenden Neuerung seines Konzeptes. Ihm gelingt es so, nicht nur die Gesetze der Artenveränderung, sondern auch die entscheidende Triebkraft des Prozesses der Evolution zu erklären. Die Auffassungen Darwins konnten sich als maßgebende Eckpunkte der biologischen Evolutionslehre durchsetzen. Allerdings gewinnen die Ansichten Lamarcks in gewissen, nichtbiologischen Zusammenhängen, auf die später eingegangen wird, neue Bedeutung.

b. Die synthetische Lehre

Die entscheidenden Eckpunkte der Entwicklungslehre lassen sich sich wie folgt zusammenfassen:

(1.) Ausgangspunkt und Gesetz der Variation: Die Vielfalt der Lebensverhältnisse und die biologischen Unterschiede zwischen den Individuen eröffnen neue Verhaltensvariationen. Diese führen zu neuen Anpassungen an die Erfordernisse des Lebensraumes.

(2.) Antriebsprinzip natürliche Selektion: Es existiert ein natürlicher Konkurrenzdruck um Lebensressourcen und Sexualpartner. Erfolgreich in dieser Situation der Konkurrenz sind die, die ein Verhalten an den Tag legen, das ihnen erlaubt, sich möglichst häufig fortzupflanzen.

(3.) Gesetz der Neigungsvererbung und Schlußfolgerung: Je häufiger ein Lebewesen sich fortpflanzen kann, desto öfter wird sich seine Neigung, günstige Verhaltensstrategien zu entwickeln, bei seinen Nachkommen fortsetzen. So kann sich im Laufe vieler Generationen die Art graduell verändern.

(4.) Teleologischer Aspekt: Die Entwicklung erfolgreicher Anpassungsmechanismen ist meist zufallsgesteuert und nicht zielgerichtet.

Nach der Entdeckung der Vererbungsgesetze durch Mendel, die erst um 1900 an die Öffentlichkeit gelangten, konnte das Phänomen der Mutationen die biologischen Unterschiede wissenschaftlich erklären. So fügte sich ein weiterer Mosaikstein, den Darwin gerne schon gekannt hätte[26], in das Bild. Mit der Kombination der ursprünglichen Aussagen und der Vererbungsgesetze konnte eine Weiterentwicklung und Verfeinerung des Konzeptes um wichtige Mecha-

26 Darwin, Entstehung, Einleitung, 29.

nismen stattfinden, so daß es heute allgemein als synthetische Lehre anerkannt ist[27].

4. Kritik an der Evolutionslehre

Seitdem die Evolutionsprinzipien erstmals formuliert und ernsthaft diskutiert wurden, stießen sie auf heftigen Widerspruch, der sowohl von wissenschaftlicher als auch besonders von theologischer Seite getragen wurde. Obwohl sich die Überzeugung von der Veränderlichkeit der Arten angesichts ihrer Schlüssigkeit weitgehend durchsetzen konnte und heutzutage wissenschaftlich akzeptiert ist, so gab es doch immer und gibt es noch heute erhebliche Zweifel.

Aus religiöser Perspektive erschienen die Auffassungen der Entwicklungslehre untragbar, weil sie den christlichen Glauben an einen Schöpfergott, der alle Arten der Erde in unveränderlicher Form erschuf, in seinen Grundfesten erschütterte. Auf die diesbezüglichen moraltheologischen Glaubenskämpfe und Rettungsversuche, die bis in die Gegenwart anhalten, wird nicht weiter eingegangen[28]. Vielmehr werden in der Folge die drei in verschiedenen Versionen immer wiederkehrenden Hauptpunkte der systematischen Kritik an der Evolutionslehre erörtert.

a. Der Vorwurf des Strukturoptimismus

Den Darwinisten wird übertriebener Optimismus in Hinblick auf das Entwicklungspotential der natürlichen Selektion vorgeworfen. Allein aus der Erfahrung einfacher Variabiliäten dürfe keine universale Ausdehnung des Evolutionskonzeptes abgeleitet werden. Viele Strukturen im Bereich der Lebewesen erscheinen den Kritikern so kompliziert, daß sie ihre Herausbildung im Wege der von Darwin dargestellten Mechanismen für unmöglich halten. Es wird angeführt, daß Mutationen normalerweise keinen Gewinn im Sinne erhöhten Anpassungspotentials bringen, sondern es nur sogenannte Verlustmutationen gäbe. Ein Beispiel dafür sei die fortschreitende Degeneration von Haustierrassen. Angesichts dieser Konstellation wird behauptet, daß das evolutionäre Modell bei derartig komplizierten Strukturen wie beispielsweise den Augen entwickelter Säugetiere versagen müßte[29].

Dem Gedanken, daß mit dem Konzept der Evolution keine Aufwärts-, sondern nur eine Abwärtsentwicklung möglich ist, kann auf mehreren Ebenen begegnet werden. Es ist zu zu bedenken, daß im Zuge der natürlichen Selektion unbegrenzt

---

27 Gilman, 34-36, Barash, 20-23.

28 An dieser Stelle sei angemerkt, daß Charles Darwin selbst die theologischen Implikationen seiner Gedanken nicht so klar sah, wie zu erwarten wäre. Vgl. Francis Darwin, Briefe, C. Darwin an J. Hooker incl. Anhang, Feb. 8, 1867, Band II, 244-248.

29 Knapp, 47-49.

viel Zeit zur Verfügung steht, um bestehende Strukturen zu modifizieren. Der Zeitraum eines Menschenlebens ist nur ein winziger Augenblick in den zeitlichen Maßstäben der Evolution. Die biologische Disposition einer Art kann oft über mehrere Millionen Jahre gleich bleiben, um sich dann zu verändern.

Außerdem dürfen die grundlegenden Unterschiede zwischen der natürlichen und der künstlichen Zuchtwahl nicht unterschätzt werden.
Die vom Menschen verantwortete, künstliche Zuchtwahl ist meist nur auf einig, eng umgrenzte Merkmale der gezüchteten Lebewesen bezogen, wie zum Beispiel eine bestimmte Abmelkmenge bei Kühen. Dazu kommt, daß innerhalb einer Zucht nur wenig biologische Fluktuation stattfindet[30].

Die natürliche Zuchtwahl ist nur den Gesetzen der Natur unterlegen. Weder das Prinzip, ausschließlich einige, isolierte, herausragende Merkmale zu entwickeln, noch Restriktionen des biologischen Potentials kommen zur Anwendung. In der Natur breiten sich nach den Regeln der natürlichen Selektion nur Modifikationen aus, die sich günstig für das Lebewesen und seine Möglichkeiten der erfolgreichen Reproduktion auswirken[31]. Es findet eine umfassende Optimierung im jeweiligen Lebensraum statt. Degenerationen sind so nicht zu befürchten.
Die Kritik mag für die künstliche Zuchtwahl zutreffen, verkennt aber, daß sich im Zuge der natürlichen Zuchtwahl nur durchsetzen kann, was tatsächlich eine strukturelle Fortentwicklung zum Wohle der jeweiligen Population im Lebensraum bedeutet[32].

b. Der Tautologievorwurf

Weiterhin wird gegen das Konzept der Entwicklungslehre geltend gemacht, daß das System in sich tautologisch sei. Soweit angenommen wird, daß die bestangepaßten Lebewesen die sind, die sich am häufigsten fortpflanzen können, und zugleich gilt, daß die Lebewesen, die sich am häufigsten fortpflanzen können, dazu dank ihrer Anpassung fähig waren, so werden Anpassung und Fortpflanzungspotential begrifflich durch einander definiert. In der Quintessenz kann diese Abhängigkeit verkürzt werden auf "Die Erfolgreichen sind die, die erfolgreich sind" oder "Die Überlebenden überleben". Insofern wäre eine Zirkularität gegeben und der Tautologievorwurf begründet[33].

---

30 Durch die Selektion einiger Merkmale und die Konzentration des biologischen Materials erfolgt eine eindimensionale Zuchtentwicklung. So steigt nach einigen Generationen beispielsweise bei Kühen zwar die durchschnittliche Abmelkmenge, gleichzeitig erhöht sich aber auch die Anfälligkeit für Krankheiten in Folge von Degeneration.

31 Darwin, Entstehung, 4. Kapitel, 120, 121, 126.

32 Barash, 24.

33 Popper, Objective Knowledge, 241, 242, ders., Natural selection, 143, 144, Ruse, Is science sexist?, 71, 72 und Knapp, 49, 50.

Um das tatsächliche Verhältnis zu erhellen, ist es erforderlich, die Verschränkung der Begriffe Anpassung und Fortpflanzungspotential anhand ihrer Definitionen zu überprüfen.
Anpassung ist eine individuelle Verhaltensmodifikation eines Lebewesens in einem bestimmten Lebensraum[34]. Die begriffliche Bestimmung macht nur Aussagen über das Verhalten eines Individuums, nicht über das der ganzen Population. Es ist zwar nicht auszuschließen, daß eine Anpassung Auswirkungen auf die Fähigkeit zur Fortpflanzung haben kann, zur Definition des Begriffes gehört dieser Zusammenhang aber nicht.
Fortpflanzungspotential ist die Fähigkeit eines Lebewesens, sich in einem bestimmten Lebensraum mit einer bestimmten Häufigkeit fortzupflanzen[35]. Ermittelt werden kann das Potential eines Individuums immer nur zu Relation mit anderen Mitgliedern der Population. Obwohl das Verhalten aufgrund bestimmter Anpassungen dabei eine Rolle spielen kann, ist es begrifflich nicht Bestandteil der Definition.

Abgesehen von der tatsächlichen Interdependenz im Zuge evolutiven Fortschritts sind Anpassung und Fortpflanzungspotential sachlich separate Einheiten und werden begrifflich nicht durcheinander definiert. Der Tautologievorwurf ist also nur in unklarem und widersprüchlichem Sprachgebrauch begründet und trifft bei sorgfältiger Begriffsbestimmung nicht zu[36] [37].

c. Der Vorwurf des Sozialdarwinismus

Ein weiterer Einwand gegen die Evolutionslehre ist, daß die Aussagen über den "Kampf ums Dasein" und das "Überleben der Tüchtigsten" dem menschenverachtenden Weltbild des Sozialdarwinismus Vorschub leisten. Die von Herbert Spencer begründete und von William Graham Sumner und Ernst Häckel weiter-

---

34 Dunbar, 11-13.

35 Dunbar, 13, 14.

36 Dunbar, 11-18, Endler, 225-227, Ruse, Is science sexist?, 71-75.

37 Teilweise wird darüber hinaus kritisiert, die Gesetze der Evolution enthielten zwar keine Tautologie, seien aber verkürzbar auf die Aussage "Das Lebewesen mit dem höchsten Selektionswert setzt sich durch", die ebenso wie der Satz "Die Erde ist rund" empirisch wertlos sei. Knapp 49, 50. Dabei wird verkannt, daß die natürliche Selektion ein nach Ausgleich strebendes energetisches System ist, dessen Mechanismen sich nach dem Prinzip von Ursache und Wirkung generell konstant, aber nicht zwingend im Einzelfall verifizieren. Dies ergibt sich schon aus der Tatsache, daß die Anhänger der Entwicklungslehre nicht behaupten, daß es immer das gut angepaßte Lebewesen ist, das erfolgreich in der Fortpflanzung ist. Oft kann stattdessen das weniger gut angepaßte Lebewesen überleben und sich in der Fortpflanzung durchsetzen. Entscheidend für die evolutive Fortentwicklung eines Merkmals ist vielmehr, wie sich die Erfolgsaussichten der Merkmalsträger und der Nicht-Merkmalsträger prozentual realisieren. In diesem Licht erscheint der Vorwurf empirischer Wertlosigkeit gehaltlos. Ruse, Is science sexist?, 72-75, Endler, 226.

entwickelte Disziplin[38] versucht, die in der Natur ermittelten Prinzipien der Evolution als Handlungsanleitung für die Bildung einer idealen Gesellschaft zugrunde zu legen[39]. Der "Kampf ums Dasein" rechtfertigt somit die Ausdehnung der Macht der "Starken" und den Untergang der "Schwachen"[40]. Diese naturalistische Weltsicht wird als gefährliche politisch-soziale Strömung bewertet, die faschistische Tendenzen unterstützten und heraufbeschwören kann[41].

Fraglich ist, inwieweit diese Verknüpfung vom Ansatz her in der Entwicklungslehre verankert ist. Darwin selbst hat in keiner seiner Schriften versucht, aus den von ihm erkannten wissenschaftlichen Tatsachen moralisch-gesellschaftliche Forderungen abzuleiten. Der evolutive Prozeß gilt ihm als moralisch völlig indifferent. Die Verknüpfung ist also ein Fehlschluß, mit dem sich Darwin und seine Anhänger im wesentlichen nicht identifizieren konnten[42]. Trotzdem wird die Lehre bis heute fälschlicherweise, aber mit großer Beharrlichkeit nicht rein wissenschaftlich gesehen, sondern mit von ihr nicht gedeckten politisch-sozialen Forderungen verbunden.

Dabei wird oft übersehen, daß das Konzept Darwins, soweit es in dem von ihm entwickelten Sinne verstanden wird, gar nicht den geschilderten Fehlschluß erlaubt. Seine Vorstellung vom "Kampf ums Dasein" ist eine unbewußte Konkurrenzsituation und nicht eine gesellschaftliche Auseinandersetzung, die unter Einsatz von Gewalt betrieben wird. Die Formulierung, daß die "Tüchtigsten überleben", bedeutet weder, daß Leistungen gemessen werden können, noch daß bestimmte Lebewesen nicht überleben. Vielmehr handelt es sich bei der natürlichen Auslese um einen gewaltfreien Prozeß, der ohne jede Steuerung abläuft[43]. Das wird von den Anhängern des Sozialdarwinismus verkannt[44]. Die Gegenüberstellung mit den ursprünglichen Konzepten der Entwicklungslehre zeigt somit, daß die behandelten Einwände gegen die Entwicklungslehre einer Überprüfung nicht standhalten.

II. Grundzüge der Ethologie

Die Disziplin der Evolutionsbiologie hat seit Darwin eine enorme Weiterentwicklung und Verfeinerung in der Ethologie und später in der Soziobiologie erfahren.

---

38 Spencers Werke betonten den Gedanken der Evolution schon vor Darwins Veröffentlichungen weniger auf biologischer als vielmehr auf soziologischer Ebene. Seine Ideen wurden in den Vereinigten Staaten von Amerika von Yale Professor William Graham Sumner und in Deutschland von Ernst Häckel verbreitet.

39 Spencer, §§ 3, 4, 5-10, § 23, 53, Sumner, 70-76.

40 Spencer, §§ 5, 6, 11-14, Sandmann, 38-45.

41 Hemminger, 15.

42 Darwin, Entstehung, 3. Kapitel, 101, 102, Abstammung, 5. Kapitel, 147, 148, 152, Huxley, Evolution and Ethics, 80, 81, The Struggle for Existence in Human Society, 197.

43 Darwin, Entstehung, 3. Kapitel, 101, 102, 119, Lorenz, Das Böse, 3. Kapitel, 30-32.

44 z.B. Spencer, § 6, 12, 13.

Die Ethologie ist das Studium von Einzellebewesen im Sinne vergleichender Verhaltensforschung. Die Disziplin wurde im wesentlichen begründet von Konrad Lorenz und Irenäus Eibl-Eiblsfeldt und entscheidend weitergeführt von Wolfgang Wickler. Bedeutende Anstöße gaben die Ethologen durch die Erforschung genetisch codierter Verhaltensweisen wie Instinkthandlungen oder Übersprungshandlungen. Auf einzelne Experimente oder Ergebnisse kann hier nicht im Detail eingegangen werden. Der entscheidende und für den Zusammenhang dieser Arbeit interessante Aspekt werden vielmehr die Aussagen über die Evolution bestimmter Verhaltensweisen sein.

In der Verhaltensbiologie wird zwischen dem Einzelverhalten und dem Sozialverhalten von Lebewesen unterschieden. Bei Darwin ging es vor allem um das Einzelverhalten und dessen evolutive Relevanz für die Fortpflanzung der Lebewesen. Darüber hinaus wird hier auch das Sozialverhalten und dessen evolutive Relevanz in Hinblick auf ihre Fortpflanzung thematisiert.

Soweit in dieser Arbeit in der Folge von egoistischem, eigenützigem, sozialem, kooperativem oder altruistischem Verhalten oder zum Beispiel von Verhaltensweisen, die sich lohnen, die Rede sein wird, sind diese Begriffe auf das Fortpflanzungspotential der handelnden Lebewesen bezogen und werden nur aufgrund der so zu erreichenden Plastizität zur Beschreibung nichtbewußten Verhaltens benützt. Der anthropomorphe und somit unexakte Sprachgebrauch wird also in keiner Weise eingesetzt, um auf animistische Züge schließen zu lassen.

1. Einzelverhalten

Zunächst sei das Verhalten eines einzelnen Lebewesens betrachtet. Wenn die Gedanken Darwins konsequent weitergedacht werden, bedeutet dies, daß sich immer die Verhaltensweise durchsetzt, die am effektivsten der Fortpflanzung eines Individuums dient. Also müßte die Evolution Verhalten, das egoistisch in Hinblick auf den eigenen Fortpflanzungserfolg ist, begünstigen. Ein Vergleich mit der Wirklichkeit zeigt, daß dies nicht immer der Fall ist.

> Ein Beispiel: Ein männliches Rotkehlchen hätte den größten Fortpflanzungserfolg, wenn es zur Paarungszeit von einem weiblichen Rotkehlchen zum anderen flöge, eines nach dem anderen begattete, sich aber nirgendwo mit Nestbau und Kinderaufzucht befaßte. So könnte ein Maximum eigener Fortpflanzungsvorteile mit einem Minimum an Aufwand dafür kombiniert werden. Das müßte eigentlich ein von der Evolution begünstigtes Verhalten sein. Stattdessen ist zu beobachten, daß sich Rotkehlchen zu Pärchen zusammenfinden und gemeinsam ihre Jungen aufziehen.

Offensichtlich hat sich das rein egoistische Verhalten praktisch nicht immer durchgesetzt, obwohl es für die Fortpflanzung des Individuums theoretisch am effektivsten wäre. Nicht allein das rein egoistische Verhalten ist evolutiv erfolgreich, stattdessen scheint die Sentenz "Der wahre Egoist kooperiert." viel eher den Kern der Sache zu treffen.

2. Sozialverhalten

Das soziale Verhalten zeichnet sich durch Interaktion von Lebewesen der gleichen Art aus. Die Annahme sozialen Verhaltens ist nur inner- oder intra-artlich, nicht aber zwischen- oder interartlich möglich. Lebewesen gehören zur gleichen Art, wenn sie sich bei einer Begegnung erfolgreich miteinander paaren können[45]. Im Bereich des Sozialverhaltens ist das Phänomen zu erkennen, daß Lebewesen zum Teil nicht rein egoistisches, sondern partnerschaftliches oder auch kommunal soziales Verhalten an den Tag legen.

> Ein Beispiel: Ebenso wie im geschilderten Fall der Rotkehlchen finden sich bei sehr vielen Arten Männchen und Weibchen zusammen, um gemeinsam die Aufzucht der Jungen zu vollziehen. Bei den in Gruppen zusammenlebenden Dohlen und bei anderen Arten ist darüber hinaus festzustellen, daß bei einem Angriff auf ein Nest alle in Hörweite befindlichen Dohlen zur Verteidigung des Nestes herbeieilen. Konrad Lorenz nennt dies "kommunale Polizeiaktion"[46]. Gemessen an der vorgestellten Strategie maximaler Fortpflanzungschancen und minimalen Aufwands ist dies ein evolutiv wenig eigennütziges, für die individuelle Reproduktion sogar nachteiliges Verhalten.

Nach der streng Darwinschen Konzeption sind dies schwer zu erklärende Verhaltensweisen. Gerade die "kommunale Polizeiaktion" erscheint als Verhaltensweise, die in Hinblick auf die Fortpflanzungsstrategie des Individuums unlogisch ist. Folglich stellt sich die Frage nach einer neuen Einheit der Selektion. Von den Ethologen wird sie mit dem Prinzip der Arterhaltung beantwortet.
Es entwickelte sich die Auffassung, daß neben dem Individuum als von der Evolution umfaßtem Organismus ebenso die Art als ein sich selbst regulierender Organismus der Evolution unterworfen ist. So entstand die These, daß es moral-analoge Verhaltensweisen innerhalb der einzelnen Arten gibt. Diese dienen nicht dem individuellen Reproduktionserfolg, sondern dem Überleben der Art.

Fraglich ist, inwieweit eine Analogie zur menschlichen Moral gezogen werden kann. Funktion der Moral ist es in dieser Konzeption, gewisse Handlungsanleitungen für das Gemeinschaftsleben zu geben. Moralisches Verhalten ist demnach am Gemeinwesen orientiertes Verhalten. Die Gemeinschaft ist hier die Art. Moral-analoges Verhalten ist somit jedes arterhaltende oder artdienliche Verhalten. Festzuhalten ist, daß die Analogie sich ausschließlich in funktioneller Hinsicht ergibt[47].

---

45 Seibt/Wickler, Eigennutz, 83.
46 Lorenz, Moral-analoges Verhalten, 4.
47 Lorenz, a.a.O., 1-3.

Die These vom moral-analogen Verhalten wird von den Ethologen insbesondere auf Beobachtungen aus der Aggressions- und Altruismusforschung gestützt.

3. Aggression und Altruismus[48]

a. Aggression

Das Phänomen der Aggression war eines der Themen, denen sich die vergleichende Verhaltensforschung schwerpunktmäßig widmete. Eingehende Forschung hat die Ethologen zu der Überzeugung geführt, daß die meisten nicht isoliert lebenden Lebewesen ein gewisses Aggressionspotential aufweisen[49]. Es verwirklicht sich regelmäßig als Trieb- oder Instinkthandlung. Kennzeichen einer solchen Handlung sind ihr immer gleicher und starrer Ablauf bei allen Lebewesen einer Art[50]. Auf dieser Grundlage wurde ein Aggressionsmodell entwickelt. Danach staut sich das Potential bis zu einem gewissen Punkt an und wird regelmäßig durch einen Reiz ausgelöst[51]. Je größer das aufgestaute Potential ist, desto niedriger liegt die Reizschwelle[52].

Aggressives Verhalten ist sowohl inter-artlich, etwa im Falle des Beuteschlagens, als auch intra-artlich, wie etwa bei Territorialkämpfen, denkbar. Insbesondere im innerartlichen Verhalten fällt auf, daß es spezifische Mechanismen der Auslösung oder Hemmung gibt.

aa. Auslösung

Aggressive Verhaltensmuster werden bei bestimmten Gefahren durch einen Auslösemechanismus automatisch hervorgerufen. Dabei kann es sich um Gefahren für Artgenossen handeln.
Neben dem schon erwähnten Dohlenverhalten der „kommunalen Polizeiaktion" ist bei diesen von Lorenz im Detail untersuchten Tieren die „konzertierte Rettungsaktion" bekannt. Wenn ein Mensch eine Dohle mit der Hand greift, wenden sich alle in der Nähe befindlichen Dohlen gegen die Hand und stoßen schnarrend danach. Ähnliches wird von Affen berichtet, bei denen, unabhängig von Gruppen-

---

48 Die jeweilige Intensität und Komplexität des Verhaltens folgt den Abstufungen des Sozialzusammenhalts von der anonymen Schar über Verbände mit gemeinsamen Kennzeichen bis zu kleinen Rudeln aus Verwandten und Bekannten. Je höher die Organisationsstufe ist, desto mehr differenzierte Mechanismen der Aggression und des Altruismus sind zu beobachten.

49 Lorenz, Das Böse, 4. Kapitel, 55-59, Eibl, Der vorprogrammierte Mensch, 77-84, 88.

50 Entscheidendes Definitionsmerkmal ist die Motorik der Handlung, die auf die Verankerung im Erbgut und nicht in der Erfahrungswelt hinweist. Lorenz, Über tierisches und menschliches Verhalten, Band 1, 79, 100, 108, 112, 114.

51 Das Modell läßt sich mit einem Wasserbehälter vergleichen, der nach und nach gefüllt wird und sich in einem Zug bei Auftreten eines entsprechenden Reizes entleert.

52 Eibl, Grundriß, 1967, 376-378, Eibl, Der vorprogrammierte Mensch, 84-88, Lorenz, Das Böse, 4. Kapitel, 55-59.

rang, der Ausstoß eines Notschreis bewirkt, daß das gesamte Rudel sich gegen den richtet, der den Schrei veranlaßt hat. Dies kann soweit gehen, daß zwei ranghohe Affen zunächst dem Pfleger beim Einfangen eines rangniederen Affen helfen, sich aber, sobald der in die Enge getriebene Affe in Todesangst schreit, auf den Pfleger stürzen[53].

bb. Hemmung

Hemmung ist ein Mechanismus, der nichtaggressive Verhaltensmuster nach sich zieht und trotz aggressiver Zielgerichtetheit eine Verletzung der Artgenossen verhindert. Er wird ebenfalls automatisch ausgelöst. Hemmungen sind aus verschiedenen Bereichen bekannt.

Im Territorialverhalten existiert regelmäßig ein hohes Aggressionspotential. Bei männlichen Individuen bestimmter Buntbarscharten ist es zum Beispiel so hoch, daß sie selbst die weiblichen Individuen, die sich ihnen in Paarungsbereitschaft nähern und notwendigerweise in ihr Territorium eindringen, angreifen. Es folgt ein langer Prozeß der Gewöhnung, bis die Aggression des Männchens gegenüber dem Weibchen soweit gehemmt ist, daß eine Paarung möglich ist. Selbst nach diesem Gewöhnungsprozeß kommt es oft noch zu Angriffen, die aber kurz vor der Berührung umgelenkt werden, meist auf den nächstbesten Artgenossen. Die aggressiven Neigungen werden umorientiert, somit ist eine Hemmung eingetreten[54].

Zwischenartliche Auseinandersetzungen im Tierreich sind oft gerade auf tödliche Verletzungen ausgerichtet, wie im Fall des Beuteschlagens. Im Rahmen innerartlicher Kämpfe kommt es dagegen selten zu ernsten Verletzungen oder Tötungen.
Die meist um Territorien, Rang oder Sexualpartner geführten Kämpfe weisen stark ritualisierte Elemente auf. Die Tiere drohen einander und messen in Kampfposition ihre Kräfte, wobei sie bis zur Erschöpfung, aber ohne ernste Verletzung des Gegners ringen. Nach menschlichen Maßstäben ist dieses Kommentkämpfen vergleichbar mit einem Turnier, das nach festen Regeln funktioniert[55]. Dies ermöglicht effektiven Kräftevergleich ohne Verletzungsgefahr.
Damhirsche laufen zum Beispiel vor einem Kommentkampf in Imponierstellung nebeneinander her, schwenken gleichzeitig ein und stemmen ihre Geweihe

---

[53] Lorenz, Moral-analoges Verhalten, 6-9, Eibl, Der vorprogrammierte Mensch, 84, 85.

[54] Ähnliche Neu- bzw. Umorientierung des Verhaltens ist im Verband von Schneegänsen beobachtet worden. So konnte ein Ganter, der durch eine Triumphgeschrei-Bindung an seinen Bruder gewöhnt war und insoweit gehemmt war, diesen anzugreifen, trotz entgegenstehender Motivation dessen Übergriffe auf die Gans, mit der er ein Pärchen bildete, nicht abwehren. Jeder Versuch wurde angesichts der Hemmung sinnlos umorientiert. zum ganzen Zusammenhang Lorenz, Das Böse, 4. Kapitel, 59, 60, 11. Kapitel, 163-167, 200, 201.

[55] Der Begriff des Kommentkampfes kommt aus dem Französischen. „Comment“ wurde als Begriff für die festen Regeln eines Fechtturniers verwendet. Analoge feste Regeln sind charakteristisch für die hier untersuchten Kommentkämpfe. Eibl, Grundriß, 1967, 363, 371.

gegeneinander. Passiert es nun einmal, daß einer der beiden nicht rechtzeitig einschwenkt, so daß der andere ihm sein Geweih leicht in die Flanke stoßen könnte, bremst dieser vor dem Aufprall ab, hebt den Kopf wieder und läuft weiter. Die "Turniersituation" erlaubt ihm nicht, den Kampf "gegen die Regeln" für sich zu entscheiden, er ist offensichtlich gehemmt[56].

Das zwischen zwei Lebewesen bestehende Aggressionspotential in einer Auseinandersetzung kann außerdem schnell und effektiv auf Wunsch eines Kampfpartners ausgesetzt werden. Zu diesem Zweck haben sehr viele Tierarten aggressionshemmende Befriedungsgesten entwickelt. Eine Befriedungsgeste besteht im Wegdrehen der körpereigenen Waffe. Zugleich wird dem Gegner dabei meist die empfindlichste Stelle des Körpers zugewendet. Der bis vor einem Moment noch hoch erregte Kampfpartner hält inne und kann angesichts der durch den Reiz der Geste ausgelösten starken Hemmung den Kampf nicht mehr fortführen. Dieses Verhalten ist beispielsweise bei Dohlen, Hundeartigen und Pavianen bekannt[57].

Die Ethologen um Konrad Lorenz machen für diese ritualisierten Verhaltensweisen eine zwischen Artgenossen wirkende Hemmung verantwortlich. Ganz im Sinne der Arterhaltung siegt der Stärkere, ohne daß der Schwächere zu Schaden kommt.

Sowohl Auslöse- als auch Hemmechanismen wirken zum Schutz von Artgenossen. Auslöser fordern ein Tun heraus, Hemmungen ziehen ein Unterlassen nach sich. Wie die jeweils vorgeschaltete Aggression laufen die Mechanismen starr ab, die jeweilig geforderte Verhaltensweise wird als automatische Triebhandlung erbracht.
Die ritualisiert ablaufenden Mechanismen sind nach Vorstellung der Ethologen als artdienliche Verhaltensweisen ebenso wie individuelle Verhaltensweisen entstanden. Anstelle der Einheit Individuum ist in Darwins Formel die Einheit Art einzusetzen. In der Folge setzt sich das Verhalten durch, das der Art erlaubt, sich erfolgreich im Lebensraum auszudehnen und fortzupflanzen. Eine Zusammenfassung aller Prägungen und Hemmungen würde ein am Gemeinwesen orientiertes Regelwerk ergeben, das auf artdienliches Verhalten gerichtet ist. Insofern wirkt es seiner Funktion nach moral-analog[58].

---

56 Eibl, Grundriß, 1967, 365, 366, Eibl, Der vorprogrammierte Mensch, 80-84, Lorenz, Moral-analoges Verhalten, 8-10, Lorenz, Das Böse, 7. Kapitel, 115, 116.

57 Dohlen drehen ihren Schnabel weg vom Gegner und zeigen ihm die ungeschützte Seite ihres Kopfes. Wölfe und Hunde kehren ihr Gebiß ab und bieten die verwundbare Seite des Halses dar. Paviane zeigen einander zur Beschwichtigung den rotgefärbten Po, wobei dies eine Geste ist, die ursprünglich eine sexuelle Motivation hatte und dem Partner Bereitschaft zur Hingabe signalisierte. Andere Beschwichtigungsgesten stammen aus dem Kindverhalten, wie etwas das Schnauzenstoßen, Bepföteln und Lecken am Mundwinkel bei Hunden. Lorenz, Moral-analoges Verhalten, 14-17, Lorenz, Das Böse, 7. Kapitel, 122-129, 131-137.

58 Lorenz, Das Böse, 7. Kapitel, 110-111, 137, 11. Kapitel, 205-207, Eibl, Der vorprogrammierte Mensch, 82.

b. Altruismus

Altruismus wird begrifflich immer mit nichtegoistischem, sozialem Verhalten verbunden. In altruistischem Verhalten ist typischerweise ein gewisses Maß an Selbstlosigkeit enthalten.
Charakteristische Beispiele aus dem Tierreich sind in den Staaten der Ameisen oder Bienen zu entdecken. Ameisensoldaten mancher Arten spritzen klebriges Sekret, in dem sich die angreifenden Feinde, oft aber auch die abwehrenden Ameisen verfangen. Bienen, deren Stock angegriffen wird, stürzen sich auf den Eindringling und verteidigen unter Einsatz ihres Lebens[59]. Ihre Gemeinwesen sind zudem so organisiert, daß sich nur einzelne Mitglieder eines Volkes fortpflanzen[60].

Diese Selbstlosigkeit enthält begrifflich das Abweichen von dem nach Darwin anzunehmenden Handeln unter dem Postulat größtmöglichen eigenen Fortpflanzungserfolgs. Im Falle der Ameisen und Bienen wirkt ihr am Gemeinwesen orientiertes Verhalten angesichts seiner selbstlosen Verknüpfung dem Streben nach eigener Fortpflanzung entgegen. Der Altruismus ist, so betrachtet, nicht mit der strengen Lehre Darwins zu erklären.

Möglicherweise ergibt sich aber eine Vereinbarkeit, wenn der Begriff konkretisiert wird. Das Spektrum der potentiell zugrunde liegenden Verhaltensmotivationen ist so breit, daß eine differenzierte Definition erforderlich erscheint. Es kann unterschieden werden zwischen den Formen von sanftem und strengem Altruismus. Sanfter Altruismus ist im Regelfall anzunehmen, wenn zwei oder mehr Lebewesen in einer Sache kooperieren. Strenger Altruismus zeichnet sich durch das Verhalten eines Lebewesens aus, das einseitig günstig für eines oder mehrere andere Lebewesen ist.

Typisch für sanften Altruismus ist das Merkmal der Kooperation. Kooperation ist zu verstehen als das nichtegoistische Zusammenwirken mehrerer Lebewesen zu einem sichtbaren, gemeinsamen Zweck. Ein Beispiel dafür ist das Verhalten der Brutpflege, das bei vielen Tierarten von den Eltern gemeinsam betrieben wird.

Der strenge Altruismus involviert ein ausgeprägteres Maß an Selbstlosigkeit. Entscheidendes Merkmal ist das tatsächlich uneigennützige Handeln eines Lebewesens zugunsten anderer Lebewesen. Beispiel dafür ist das Verhalten der Hilfe bei der Aufzucht, das bei einigen Tierarten von Geschwistern oder älteren Kindern der Eltern gezeigt wird.

---

59 Wilson, On Human Nature, 151, 152.
60 Vogel, Vom Töten, 23.

Weder bei der einen noch bei der anderen Form ist eine moralische Dimension im Spiel, und es ist auch kein bewußtes Handeln erforderlich. Weder der gemeinsame Zweck noch der Mangel an Eigennutz müssen den beteiligten Lebewesen bewußt sein. Entscheidende Voraussetzung ist die sichtbare Funktion des an den Tag gelegten Verhaltens in Hinblick auf die Fortpflanzung.

In der Folge werden beide Varianten des Altruismus in ihrem Auftreten in der natürlichen Lebenswelt vorgestellt und auf ihre moral-analoge Funktion hin überprüft.

aa. Sanfter Altruismus oder Kooperation

Verhaltensweisen des sanften Altruismus sind vor allem bei Paarbildung und Aufzucht festzustellen. Das Merkmal der Kooperation ist in diesen Bereichen besonders ausgeprägt.

Das auf eine bestimmte Dauer gerichtete Zusammenwirken zweier Lebewesen zum Zweck der gemeinsamen Fortpflanzung und Brutpflege weist über den egoistischen Versuch, mit minimalem Aufwand maximale Reproduktionsgelegenheiten wahrzunehmen, hinaus. In der Sorge um Partner und Kinder ist ein gewisses Maß an Selbstlosigkeit enthalten[61] .
Konrad Lorenz hat in diesem Zusammenhang den Begriff vom "Band", das die kooperierenden Lebewesen zusammenhält, geprägt[62] . Dieses Band ist je nach Tierart unterschiedlich in seiner Elastizität.

Die selten gewordenen Hausstörche kommen zwar über Jahre als Paar an dasselbe Nest, allerdings kann beobachtet werden, daß ein Storchenmännchen völlig gleichgültig und teilnahmslos auf den zweimaligen Austausch des Weibchens reagiert[63] . Das Element gegenseitigen Erkennens fehlt, allein die Bindung an ein Nest ist Basis für die gemeinsame Brut. Die Mechanismen der Paarbildung und Aufzucht sind vorhanden, aber die Kooperation ist nicht auf einen spezifischen Partner gerichtet.
Ganz anders verhält sich dies bei den von Lorenz über Jahre beobachteten Graugänsen. Das "Band" ist bei dieser Art besonders stark. Im Idealfall finden zwei Individuen nach Erlangen der Reife mit einer "Triumphgeschrei-Bindung" zueinander und bilden in der Folge ein Paar, das bis zum Ableben eines Partners zusammenbleibt und alljährlich ein Gelege betreut. Die Individuen eines Pärchens erkennen sich gegenseitig und entwickeln mit ihrem "Triumphgeschrei" sozusa-

---

61 Anstelle einer groben Streuung des eigenen Fortpflanzungspotentials unter Wahrnehmung vielfältiger Kopulationschancen findet eine Entscheidung zugunsten eines Nistpartners statt, mit dem gemeinsam Paarbildung, Nestbau, Aufzucht der Jungvögel erfolgen. Vergleichbare Tendenzen lassen sich als Konstante bei vielen Arten im Tierreich erkennen.

62 Lorenz, Das Böse, 11. Kapitel, 162 ff.

63 Lorenz, a.a.O., 9. Kapitel, 148-150.

gen eine eigene Sprache. Die Kooperation wirkt als "Band" so stark, daß sie Auswirkungen auf die Einordnung in der Rangordnung hat[64]. Das Zusammenwirken ist streng auf den Partner bezogen.

Je nach Tierart sind unterschiedliche instinktive Verhaltenselemente zu beobachten, die kooperativ ausgestaltet sind. So existiert bei Hunden und Löwen ein Verhaltensmechanismus der Beißblockierung der männlichen Individuen gegenüber den weiblichen Artgenossen[65]. Dies wird als einer von vielen geschlechtsspezifischen Mechanismen[66] gewertet, die die gemeinsame Fortpflanzung erleichtern. Ähnliche Verhaltensmomente gibt es in der Aufzucht[67]. Die Verhaltensweisen ermöglichen angesichts der Schutzfunktion für die Jungen den gemeinsamen Zweck der Brut[68].

Fraglich ist, ob aus der Gesamtheit der erkennbaren Mechanismen zu folgern ist, daß die Kooperation in Hinblick auf Paarbildung und Aufzucht moral-analogen Charakter hat. Dies wäre der Fall, wenn die dargestellten Verhaltensweisen tatsächlich der Art und ihrem Fortleben zugute kommen. Es erscheint sinnvoll, sich die Finalität des Verhaltens vor Augen zu führen.

Die Form der sexuellen Fortpflanzung erfordert es, daß sich zwei Individuen zumindest für eine kurze Zeit der Kopulation zu einem Paar zusammenfinden. Nur so kann jedes Individuum sich überhaupt fortpflanzen. Je effizienter die Individuen zusammenwirken, desto ansehnlicher liest sich die Fortpflanzungsbilanz jedes Individuums. Der Akt der Paarbildung ist in Hinblick auf den eigenen Fortpflanzungserfolg höchst eigennützig. Der egoistische Akt ist sozial verknüpft, was aber nicht darüber hinwegtäuschen darf, daß dies gut mit Darwins Lehre zu vereinbaren ist. Eine allein arterhaltende Funktion ist nicht ersichtlich.

Die gemeinsame Organisation der Aufzucht hat den Zweck des erfolgreichen Überlebens möglichst vieler Jungen. Auch hier wirkt sich erfolgreiche Kooperation stark auf die Reproduktionsbilanz des einzelnen Lebewesens aus. Der Aspekt der Arterhaltung verblaßt demgegenüber. Auch dieses Verhalten entspricht den Ausführungen Darwins.

---

[64] Lorenz, a.a.O., 11. Kapitel, 183-196.

[65] Trivers, Natural Selection, 7, 8, Lorenz, Moral-analoges Verhalten, 14, 15, Lorenz, Das Böse, 11. Kapitel, 122, 123, 129.

[66] Ähnliche Verhaltensweisen sind bei Smaragdeidechsen, Gimpeln und Hamstern zu beobachten. Interessant ist in diesem Zusammenhang auch die Vielgestaltigkeit der Funktionen im Balztanz der Kraniche. Lorenz, Das Böse, 7. Kapitel, 122-129, 11. Kapitel, 169-171.

[67] Das infantile Verhalten, insbesondere ein bestimmter Laut, signalisiert zum Beispiel den Elterntieren, daß dies die Lebewesen sind, denen Schutz zuzukommen hat. Versuche mit tauben Puten haben gezeigt, daß diese nicht wissen, wie ihre Jungen auszusehen haben. Lorenz, Das Böse, 7. Kapitel, 116-119.

[68] Lorenz, Das Böse, 7. Kapitel, 120-122, 10. Kapitel, 159-161.

Kooperatives Verhalten kommt dem individuellen Fortpflanzungserfolg zugute. Aus evolutiver Sicht ist es für die eigene Reproduktion günstiger, anstelle pur egoistischen Verhaltens Kooperation zu üben. Der Reflex auf die Arterhaltung ist nicht größer als bei jeder Form von Verhalten, das auf den eigenen Reproduktionserfolg gerichtet ist.

Analogien zur menschlichen Moral ergeben sich nur in einem eng umrissenen Bereich, der bei Lorenz unter dem Stichwort "Das Band" diskutiert wird. Diese Analogien beziehen sich auf fast mit dem Vertrauen eines Liebesverhältnisses gleichzusetzende Nähe[69]. Der Vergleichskomplex menschlicher Liebesmoral wird allerdings als nicht zentral gemeinschaftsdienlich gesehen und entspricht somit nicht einem funktionell verknüpften Begriff von Moral[70].

Die angesprochene Sentenz vom wahren Egoisten, der kooperiert, hat, so betrachtet, Substanz. Sanfter Altruismus wird deswegen auch als unechter Altruismus bezeichnet. Insgesamt ist das kooperative Verhalten in Hinblick auf den individuellen Fortpflanzungserfolg nicht selbstlos und sehr gut mit Darwins Lehre zu erklären. Final ist die Kooperation egoistisch und nicht altruistisch.

bb. Strenger Altruismus oder selbstloses Verhalten

Streng altruistisches Verhalten zeichnet sich nun gerade dadurch aus, daß es den persönlichen Fortpflanzungserfolg des Handelnden mindert, während es den anderer durch die Zeitaufwendung für deren Angelegenheiten fördert. Es ist meist gekennzeichnet durch Verzicht auf eigene Fortpflanzungschancen.

Das Verhalten bringt dem Handelnden keinen Vorteil, sondern sogar einen relativen oder auch absoluten Nachteil im evolutiven Sinne. Entsprechend müßte die Evolution genau diese Art von Verhalten im Laufe der Zeit eliminiert haben. Streng altruistisches Verhalten ist aber ein oft beobachtetes Phänomen.

Neben den schon geschilderten exemplarischen Verhaltensweisen bei Ameisen und Bienen aus dem Insektenbereich sind bei vielen Säugetierarten ähnliche Handlungsmuster des Wächterverhaltens zu entdecken, die die ermittelten Elemente altruistischen Handelns in sich tragen.
Erdmännchen und Murmeltiere sind in ihrem Verband so organisiert, daß immer ein Tier Ausschau nach Freßfeinden hält und bei Herannahen einer solchen Gefahr einen gellenden Pfiff ausstößt. Dieser Pfiff warnt die Tiere des Verbandes und läßt sie in Sicherheit fliehen. Das pfeifende Tier wird nun leicht Gegenstand

69 Angeführt wird die bei Graugänsen beobachtete lebenslange Bindung an denselben Partner. Ausgehend von ihr werden Analogien zum Menschen gezogen. Bei fehlender Partnerbindung, wie bei den diskutierten Störchen, ist der Mangel an Selbstlosigkeit evident. Lorenz, Das Böse, 11. Kapitel, 162-207.

70 Lorenz, Moral-analoges Verhalten, 1-4.

der Aufmerksamkeit des Freßfeindes. Seine Handlung hilft zwar den Tieren des Verbandes, schadet aber ihm selbst[71]. Ähnliches altruistisches Verhalten mit Wächterfunktion ist beispielsweise auch bei Dohlen und anderen Vögeln bekannt.

Altruistisches Verhalten im skizzierten Sinne tritt im Tierreich aber auch in ganz anderen funktionellen Verankerungen auf. Dies sind insbesondere die Phänomene der artinternen Tötungshemmung sowie der Bruthilfe.

Natürliches Element des schon im Kapitel über Aggression beschriebenen Phänomens der Kommentkämpfe ist der Verzicht darauf, den gleichartigen Gegner zu töten. Dies hat zur Annahme einer artinternen Tötungshemmung geführt[72]. Der Siegreiche im Duell läßt die Gelegenheit, den unterlegenen Gegner für immer unschädlich zu machen, verstreichen, obwohl er so Gefahr läuft, später von eben diesem besiegt zu werden. Auch hier sind alle Elemente altruistischen Handelns gegeben.

Ein weiterer klassischer Bereich, in dem Altruismus in diesem Sinne zu beobachten ist, ist das Feld der Bruthilfe.
In Feldversuchen mit Schimpansen konnten diverse Ausprägungen dieses Verhaltens festgestellt werden. So kommt es regelmäßig vor, daß die Mutter, die sich ohne den Vater um die Aufzucht des Jungen kümmert, von einer ihrer Schwestern, also einer Tante des Kindes, unterstützt wird. Ebenso tritt häufig der Fall ein, daß ein älteres Kind der Alleinerziehenden bei der Pflege des Geschwisterchens hilft. Eine völlige Übernahme der elterlichen Pflichten erfolgt bei Tod des fürsorgenden Elternteiles. Wiederum ist es hier meist eine der Tanten des Kindes, die die weitere Aufzucht in die Hand nimmt[73].
Die so fürsorgenden Tiere verzichten durch Aufnahme dieser Tätigkeiten darauf, sich in dieser Zeit selbst fortzupflanzen. Vergleichbare Nachweise selbstlosen Verhaltens gibt es bei fast allen Affenarten. Ähnliches Verhalten ist aber auch bei verschiedenen Vogelarten beobachtet worden. Vorzugsweise sind es ein Jungvogel aus dem vorhergehenden Nest oder ein Tier, das aus dem gleichen Gelege wie eines der Elterntiere stammt, die den Elterntieren bei Nestbau und Futtersammeln behilflich sind.
Im Gegensatz zu den Formen des sanften Altruismus kennzeichnet alle diese Verhaltensweisen, daß das Zusammenwirken nicht mehr final egoistisch gewertet werden kann. Das Handeln in den beschriebenen Formen bringt den Lebewesen echte Nachteile für ihre reproduktive Bilanz, die nicht durch andere Vorteile aufgewogen werden. Das bei streng altruistischem Handeln erforderliche Kriterium der Selbstlosigkeit ist somit erfüllt.

---

71 Jauch, 70, Voland, Grundriß, 81-83.
72 Lorenz, Über das Töten, 105, Lorenz, Moral-analoges Verhalten, 13, 14.
73 Wilson, On Human Nature, 27, 28.

An dieser Stelle ergibt sich abermals der Widerspruch, daß sich dieses Verhalten über Generationen erhält, obwohl es gerade die Fortpflanzung der handelnden Lebewesen erschwert. Die Ethologen greifen auch in diesem Zusammenhang auf das Konstrukt artdienlichen Verhaltens zurück. Die Kehrseite der Selbstlosigkeit sind immer Schutz und Nutzen für Artgenossen. Eben hierin liegt nach der Auffassung der Ethologen auch der Grund, warum sich dieses Verhalten, obwohl es für die individuelle Fortpflanzung ungünstig ist, über Generationen erhält. Das Verhalten ist artdienlich[74] .

Da nach ethologischer Auffassung neben dem Individuum auch die Art eine Einheit, die von der Evolution erfaßt ist, darstellt, ergibt sich logisch, daß sich artdienliches Verhalten durchsetzen kann. Somit können die beschriebenen Verhaltensweisen als moral-analog gewertet werden. Der strenge Altruismus wird deswegen auch als echter Altruismus bezeichnet.

4. Moralische und rechtliche Folgerungen der Ethologen

Entscheidend im Zusammenhang der Evolutionsbiologie ist immer, in welchem Sinn die gewonnen Erkenntnisse in ein Gedankensystem übertragen werden. Fraglich ist, welche Konsequenzen die neben das klassische evolutive Muster der individuellen Eigennützigkeit getretene Annahme moral-analogen Verhaltens auf Artebene in moralischer und rechtlicher Hinsicht nach sich zieht.
Um dies zu untersuchen, ist es erforderlich, Gebrauchsdefinitionen der Begriffe Moral und Recht einzuführen, die im folgenden Exkurs skizziert werden.

Moral ist kein traditionell einheitliches Institut, es haben sich viele voneinander abweichende Moralsysteme[75] entwickelt, die koexistieren. Gemeinsam ist all diesen Moralbegriffen eine gewisse Zweckgerichtetheit. Je nach Zweck variieren die Werte. Jedes Moralsystem setzt seine eigenen Werte fest; dadurch entsteht jeweils eine Struktur von Handlungsanleitungen. Es ergibt sich ein in sich abgeschlossenes Soll-System.
In dieser Arbeit wird ein Moralbegriff zugrundegelegt, der ohne eine ideologische Verankerung auskommt. Entscheidend sind nicht die verschiedenen sittlichen Maßstäbe, sondern die gemeinsamen Merkmale existierender Systeme. Vorgenommen wird also eine Ist-Betrachtung. Angestrebt ist nicht eine teleologische, sondern eine rein deskriptive Moraldefinition. Somit wird die Funktion maßgebliches Definitionsmerkmal.

Moral ist die Gesamtheit aller Einstellungen und Verhaltensregeln, die in einer Gruppe oder Gesellschaft über eine gewisse Zeit hin als verbindlich angesehen und beachtet werden.

---

74 Lorenz, Das Böse, 7. Kapitel, 110, 111.
75 Heimsoeth/Windelband, § 7, Nr. 9, § 36, Nr. 4, 9.

Seit Menschen sich mit dem Phänomen Recht auseinandergesetzt haben, entwikkelten sich im wesentlichen zwei unterschiedliche Auffassungen: während die eine nur anhand funktionaler Maßstäbe definiert, knüpft die andere an Werte an, die eine Einteilung in richtig und falsch ermöglichen. Dies ist die vielzitierte und -diskutierte Unterscheidung zwischen „ius positivum" und „ius naturale"[76].
Nach dem naturrechtlichen Rechtsbegriff gibt es allgemein-abstrakte Regeln, die sich aus Gründen der Moral und Gerechtigkeit ergeben und über dem gesetzten, konkreten Recht stehen[77]. Nach dem positivistischen Rechtsbegriff ist Recht die Summe aller faktisch in einer Gesellschaft beobachtbaren Normen[78].
Für diese Arbeit wird bei der Definition von Recht wie schon bei der Begriffsbestimmung zu Moral auf den Bezug zu einem konkreten Soll-System verzichtet. Vielmehr soll, gerade unabhängig von geltenden Wertbestimmungen eine Begriffsbestimmung ermöglicht werden. Entscheidendes Definitionskriterium ist folglich eine funktionale Ist-Bestimmung.

Recht ist die Gesamtheit aller Handlungs- und Verhaltensvorschriften, die in bindender Weise das Gemeinschaftsleben regeln und gegebenenfalls durch institutionalisierten Zwang durchgesetzt werden können.

Während Moral als innerer Verhaltenslenkungsmechanismus angesehen werden kann, steuert Recht das menschliche Verhalten gleichsam von außen durch die Einräumung bestimmter Vergünstigungen oder, in stärkerem Maße, durch Sanktionen[79].

Die Begriffe moralisch und rechtlich werden also in funktioneller Hinsicht verwendet und postulieren nicht unbedingt ein entsprechendes Bewußtsein der handelnden Lebewesen.

a. Moralische Konsequenzen

Der Mensch war bisher nicht Gegenstand der Untersuchung. Wenn nun von moral-analogem Verhalten die Rede ist, so kann dieses nicht am menschlichen Moralbegriff gemessen werden. Vielmehr geht es um die sogenannte natürliche Moral. Damit meinen die Ethologen prämoralische Verhaltenstendenzen, die in der Tierwelt analog zur fortgeschrittenen menschlichen Moral zu erkennen sind. Die Analogie bezieht sich auf den Faktor der Gemeinschaftsdienlichkeit.

---

76 Somló, 421-425, 456 oder Koller, 19 ff.
77 Kelsen, 828.
78 Uneinigkeit besteht über das maßgebliche Kriterium: So werden teils alle von staatlicher Gewalt gesetzten Normen, teils alle in der sozialen Wirklichkeit geltenden Regeln und teils alle innnergesellschaftlich anerkannten Regeln als konstitutiv für Recht betrachtet. z.B. Hobbes, Leviathan, 2. Teil, 26. Kapitel, 203, Weber, 182, Jellinek, 333.
79 Braun, JuS 94, 728.

Angesichts ihrer Beobachtungen aus der Aggressions- und Altruismusforschung schlossen die Ethologen, daß einerseits egoistische und andererseits sozial-sorgende Verhaltenstendenzen, die jeweils für die untersuchte Art typisch sind, auftreten. Diese prinzipiell entgegengesetzten Tendenzen stehen nebeneinander.

Nichtegoistische, soziale Werte kristallisieren sich insbesondere in folgenden Bereichen:

(1.) Gegenseitiges Erkennen: Die gleichartigen Lebewesen erkennen sich als Artgenossen und damit als Mitglieder ihrer Art an. Dies bedeutet auch, daß sie im Umgang miteinander bestimmte Spielregeln beachten.

(2.) Aggression: Gleichartige Lebewesen fügen sich gegenseitig keine wesentlichen Schäden zu. Ihre persönlichen Fortpflanzungsstrategien gehen nicht soweit, daß sie die soziale Struktur ihrer Art gefährden. Die Integrität der Artgenossen als solche wird respektiert.

(3.) Altruismus: Gleichartige Lebewesen stehen sich in bestimmten Situationen zur Seite und unterstützen sich in ihrer aktuellen Zielsetzung. Dabei wirken sie ohne Rücksicht auf bestimmte Selektionsvor- und -nachteile gemeinschaftlich auf ein Ziel hin.

(4.) Selektionseinheit Art: Zusammengefaßt bedeutet dies, daß gleichartige Lebewesen in entscheidenden Punkten dem Wohle der Art dienend zusammenhalten. Das artdienliche Verhalten wird immer an seinem Nutzen für die konstruierte Gemeinschaft Art gemessen.

Die artdienlichen Verhaltenstendenzen ergeben so ein verflochtenes System moralentsprechender Werte[80] .

b. Rechtliche Konsequenzen

Aus den moralgleichen Werten lassen sich rechtsgleiche Handlungsanleitungen ableiten. Unter rechtsgleichen Handlungsanleitungen werden die in der Interaktion erkennbaren natürlichen Gesetze für das Zusammenleben von Artgenossen verstanden. Diese können nicht mit von Menschenhand geschaffenen Gesetzen gleichgesetzt werden. Vielmehr handelt es sich um prärechtliche Verhaltenstendenzen, die in der Tierwelt die imperativ-ordnende Funktion des fortentwickelten menschlichen Rechtssystems wahrnehmen.

---

80 Lorenz, Das Böse, 11. Kapitel, 206, 207, Vogel, Vom Töten, 18, 19.

Fraglich ist, inwieweit die gemeinschaftsbetonten Verhaltensweisen des gegenseitigen Erkennens, des Schädigungsverzichts, des Helfens und des Zusammenhaltes arteigene Handlungsprinzipen darstellen.
Das Postulat der Gemeinschaftsdienlichkeit wird insbesondere in zwei Verhaltensprinzipen deutlich:

(1.) Artorientiertes Verhalten: Trotz der ermittelten Fortpflanzungskonkurrenz gilt ein bestimmter Artkonsens als Prinzip für Verhalten im Umgang mit Artgenossen. Die Artgenossen werden anerkannt als die Lebewesen, im Umgang mit denen ein eigenes Regelwerk gilt. Es handelt sich dabei um Regeln, die jedes Artmitglied zu seinem Verhaltensrepertoire zählt und befolgt. Aus ihnen erwachsen bestimmte Rechte und Pflichten für das Verhalten, soweit als Recht bzw. als Pflicht eine bestimmte Behandlung in einer eng umrissenen Situation verstanden wird.

(2.) Gleichbehandlung: Der Artkonsens bindet alle Artgenossen. Entscheidend für ein gleiches Verhalten ist eine vergleichbare Situation. Die im Zuge des Artkonsenses erfolgende Anerkennung als Artgenossen wird allen betroffenen Lebewesen in gleicher Form zuteil. Soweit eine vergleichbare Situation vorliegt, erfolgt auch ein gleiches Verhalten. Dies bedeutet eine Tendenz, Artgenossen als gleichwertige Partner zu erkennen und auch als solche zu behandeln.

Im Zuge dieses natürlich entwickelten Systems von Handlungsprinzipien gibt es also einen Artkonsens, der eine gleichwertige Anerkennung unter Artgenossen impliziert und damit auf ein auf Artebene existierendes egalitäres System hinweist. Somit ist eine Disposition zur Gleichbehandlung innerhalb der eigenen Art festzustellen[81] . Nach Auffassung der Ethologen ist dies, bezogen auf die Art als Einheit der Evolution, ein evolutiv erfolgreiches Verhalten, das sich durchgesetzt hat.

Den ethologischen Auffassungen zufolge gibt es also eine wichtige natürliche Verhaltenstendenz gibt, alle Artgenossen als gleich im Sinne gleicher Maßstäbe zu erkennen und zu beurteilen.
Transferiert auf die juristischen Erkenntnisse zum Gleichheitssatz hieße das, daß eine gewisse Tendenz zur Gleichbehandlung in der Natur angelegt ist[82] . Ausge-

---

81 Diese Erkenntnis kann sich so nur auf das Verhalten der Lebewesen, die Strukturen des sozialen Zusammenlebens in gewisser Komplexität entwickelt haben, beziehen. Für Lebewesen, die als Einzelgänger leben und sich nur zur Paarung treffen oder sich in einer anonymen Schar bzw. in einem Verband ohne Merkmale der Zugehörigkeit versammeln, kann die ermittelte Tendenz nicht angenommen werden.

82 Der Vergleich natürlicher Populationen mit den kulturell geprägten menschlichen Gesellschaften muß den Staat und seine Gewalten als Faktoren ausklammern. Nachdem der Gleichheitssatz allgemeines Strukturprinzip des Rechtsstaates ist und insofern nicht nur im Verhältnis Staat-Bürger wirkt, erscheint dieser Transfer aber berechtigt. Vgl. B.II.1.a.

klammert bleibt bisher, inwieweit diese Erkenntnisse Anwendbarkeit auf den Menschen finden.

III. Grundzüge der Populationsbiologie/Soziobiologie

Die Disziplin Soziobiologie widmet sich dem Studium von Populationen gleichartiger Lebewesen und wird daher auch Populationsbiologie genannt.
Wissenschaftlich begründet wurde die Disziplin von Edward O. Wilson, der als Professor am Museum of Comparative Zoology der Harvard University lehrt. Wilson machte sich zunächst einen Namen als Insektenarten- und speziell Ameisenforscher[83] und widmete sich dann dem Studium des Sozialverhaltens in Populationen von Lebewesen im weiteren Sinne. In diesem Zusammenhang entstand eine Trilogie, in der die grundlegenden und entscheidenden Erkenntnisse der Soziobiologie niedergelegt sind[84]. In dieser Trilogie werden Insektengesellschaften, Wirbeltierpopulationen und die menschlichen Sozietäten auf ihr Sozialverhalten untersucht. Die wissenschaftlichen Thesen der Soziobiologie erregten große Aufmerksamkeit[85] und intensive und weitgespannte Kontroversen[86].
Vorbereitet und fortentwickelt wurde die Soziobiologie insbesondere von den Amerikanern David H. Hamilton, David P. Barash, Richard D. Alexander, Robert L. Trivers, dem Engländer Richard Dawkins sowie von den deutschen Autoren Margaret Gruter und Christian Vogel.

Der entscheidende Anstoß der Soziobiologie liegt in der neuen Perspektive, aus der Aussagen über die Evolution bestimmter Verhaltensweisen getroffen werden. Auch hier ist das Fundament der gedanklichen Entwicklung die Darwinsche Evolutionsbiologie. Forschungsanspruch sind die Analyse des Verhaltens von Lebewesen in der Gemeinschaft und das Studium wesensimmanenter, natürlicher Regeln dieser Gemeinschaft.

Neu ist dieser Ansatz in Hinblick auf die Einheiten der Evolution. Außerdem werden andere Aussagen über den Antriebsmotor der Evolution getroffen. Im Studium von Populationen hat sich bei den Soziobiologen die Erkenntnis durchgesetzt, daß nur eine einzige und nicht mehrere Einheiten in der Evolution wirken. Diese entscheidende evolutive Einheit sind weder, wie im ethologischen Entwurf angenommen, das Individuum noch die Art, sondern sind die Gene[87].

---

83 Wilson, The Insect Societies, Wilson/Oster, Caste and Ecology, Wilson/Hölldobler, Ameisen, Wilson, Jede Art ist ein Meisterwerk, Die Zeit, 23.6.1995, 33.

84 The Insect Societies, ersch. 1971. Sociobiology. The new Synthesis, ersch. 1975. On Human Nature, ersch. 1978.

85 z.B. Titelgeschichte des Magazins Time 8/77: Why we do what we do.

86 Vgl. Hemminger, 7-12.

87 Lumsden/Wilson, Prometheus, 26, 27, Vogel, Vom Töten, 26, 27.

Gene werden definiert als die erfaßbaren, erblichen Faktoren, die bei einer Fortpflanzung auf die Nachkommen übertragen werden. Das genetische Set ist die Summe der erblichen Anlagen und Dispositionen[88].
Auf biogenetischem Wege können einerseits ein Lebewesen kennzeichnende, feste Charakteristika vererbt werden, andererseits aber auch Tendenzen, in festgelegten Situationen ein bestimmtes Verhalten an den Tag zu legen, an die Nachkommen weitergegeben werden. Während die eine Gruppe unveränderbare Merkmale vermittelt, werden in der anderen Gruppe von der Umwelt abhängige Dispositionen vererbt.
Merkmale, die fest vererbt werden, sind beispielsweise Augen- oder Haarfarbe, Form des Kopfes oder Beschaffenheit der Knochen, aber auch die Handlungsmuster, in immer gleichen Bahnen auf bestimmte Schlüsselreize zu reagieren. In diese Gruppe gehören die angeborenen Auslösemechanismen wie der Augenschlag bei Heranfliegen eines Insektes. Beispiele für Tendenzen, die flexibel in ihrer Ausgestaltung vererbt werden, sind bestimmtes Paarbindungs-, Balzgesangs- oder Nestbauverhalten[89].
Die vererbten, charakteristischen Merkmale sind in ihrer Realisierung wie auf einem geraden Gleis festgelegt. Die vererbten Handlungstendenzen manifestieren sich erst in der Interaktion mit den situativen Bedingungen, die unterschiedliche Weichenstellungen ermöglichen[90].

Im Zentrum des Gedankensystems der Soziobiologen steht das Prinzip des genetischen Eigennutzes. Dies ist eine Weiterentwicklung des von Darwin entwickelten Konzeptes, daß sich nur die Verhaltensweisen in der Evolution durchsetzen, die erfolgreiche Reproduktion ermöglichen. Die Gene eines Lebewesens breiten sich aus und werden repliziert, indem sie weitergegeben werden. Handlungen, die dies ermöglichen, dürften sich evolutiv als dominant erweisen. Deshalb müßte jedes Handeln als final genetisch eigennützig gewertet werden können.

Vereinfacht und besonders transparent erscheint das Konzept in den Worten von Richard Dawkins, der nicht vor radikaler Formulierung zurückschreckt.
Die Annahme des genetischen Eigennutzes als Motor der Evolution ließ ihn behaupten, die Gene seien Ausbreitungsprogramme, die Lebewesen dagegen Ausbreitungsmodelle oder -maschinen, die zur Ausbreitung benützt werden. Plakativ und kurz heißt dies: die Lebewesen sind die Vehikel ihrer Gene[91].

Zur weiteren Präzisierung seien außerdem die Begriffe Genotyp und Phänotyp dargestellt. Genotyp definiert das genetische Set eines Lebewesens. Phänotyp beschreibt das jeweilige Lebewesen, das die zugrundeliegende genetische Programmierung an den Tag legt. Genpool bezeichnet die Summe von Geno-

88 Enzyklopädie Brockhaus, Stichwort Gene.
89 Eibl, Menschenforschung, 200, 261.
90 Wilson, On Human Nature, 19-22.
91 Dawkins, The Selfish Gene, 12-21, 47-55, Extended phenotye, 4-7.

typen, deren Programmierungen angesichts bestehender Verwandtschaft der Phänotypen miteinander verknüpft sind.
In der Folge wird das Prinzip des genetischen Eigennutzes, differenziert nach Einzel- und Sozialverhalten von Lebewesen, betrachtet.

1. Einzelverhalten

Soweit das Verhalten eines einzelnen Lebewesens, eines Phänotyps, betrachtet wird, sind die Individuen erfolgreich, die möglichst viele Kopien ihres Genotyps in die nächste Generation einbringen.
Nach dem Prinzip des genetischen Eigennutzes formuliert, bedeutet dies, daß sich das Verhalten evolutiv durchsetzen müßte, das der Reproduktion eigener Gene zugute kommt. So lassen sich viele in diesem Sinne egoistische Verhaltensweisen erklären.

2. Sozialverhalten

Das soziale Verhalten kann, wie dargestellt, in zwei Kategorien unterteilt werden. Einerseits gibt es kooperatives Verhalten, andererseits altruistisches Verhalten.

Das kooperative Verhalten umfaßt alle Handlungen des Zusammenwirkens mit Artgenossen, die auf gemeinsame Fortpflanzung gerichtet sind. Insofern ist es nicht direkt, aber doch indirekt auf die Weitergabe der jeweiligen Gene gerichtet. Das kooperative Verhalten ist deswegen final genetisch eigennützig.

Das altruistische Verhalten zeichnet sich nun gerade dadurch aus, daß ein Lebewesen ein Verhalten an den Tag legt, das anderen Lebewesen nützt und deren Fortpflanzungspotential erhöht, während es die Reproduktionschancen und damit maximierte Genweitergabe des handelnden Lebewesen mindert.

Im Sinne der klassischen Darwinschen Lehre erscheint es schwierig, diese Verhaltenskategorie als genetisch eigennützig zu charakterisieren. Die Soziobiologen begegnen dieser Herausforderung, indem sie der Eigenschaft der Gene als Replikatoren ihrer selbst Rechnung tragen.
Im Sinne genetischen Eigennutzes hat altruistisches Verhalten dann Sinn, wenn es der Reproduktion von Trägern der gleichen Gene zugute kommt. Dies sind alle Mitglieder eines Genpools.

In einem Genpool sind alle miteinander verwandten Lebewesen vereinigt, die gemeinsame Gene tragen. Ein Phänotyp teilt seinen Genotyp mit seinen Eltern oder Kindern, also in vertikaler Perspektive der Generationen, aber auch mit Geschwistern, in horizontaler, und mit Neffen und Nichten, in gemischt vertikal-horizontaler Perspektive der Generationen.

Aus dem Blickwinkel der Genweitergabe erhöht also auch Verhalten, das zwar eigene Nachkommen nicht fördert, aber den Reproduktionschancen der Verwandten dient, das Verbreitungspotential des Genpools. Folgerichtigerweise müßte die ganz überwiegende Anzahl altruistischer Akte eben diesem Kreis von verwandten Lebewesen zugute kommen.
Der Verzicht auf die eigene Chance zur Reproduktion lohnt sich im Sinne genetischen Eigennutzes dann, wenn durch diesen Verzicht sich die Gene des gemeinsamen Pools besser vermehren können. Das Prinzip des genetischen Eigennutzes geht so auf[92].

Ausgehend von den Genen als selektiven Einheiten wird angenommen, daß evolutive Fortentwicklung auf der Ebene der Individuen und der Populationen stattfindet. In diesem Zusammenhang wurden zwei neue Begriffe gebildet, die die von den Soziobiologen angenommene Funktionsweise des Prinzips der natürlichen Selektion weiter erhellen.

Alle Verhaltensweisen eines Phänotyps, die auf die Reproduktion des eigenen Genotyps gerichtet sind, ergeben in ihrer Summe die evolutionsbiologische Eignung des Phänotyps. Diese wird von den Soziobiologen auch als persönliche Fitness bezeichnet.

Alle Verhaltensweisen eines Lebewesens, die die Reproduktionschancen der Mitglieder des gleichen Genpools, der Verwandten, erhöhen, ergeben in ihrer Summe die evolutionsbiologische Eignung der durch einen gemeinsamen Genotyp verbundenen Phänotypen. Die Soziobiologen nennen dieses Potential die Gesamtfitness[93].

Für den evolutiven Erfolg sind die Maximierung der persönlichen Fitness und der Gesamtfitness entscheidend verantwortlich. Für die Annahme von Moral-Analogien bleibt insofern kein Raum; ausschlaggebend ist jeweils der genetische Eigennutz.
Eine entscheidende Erkenntnis hieraus ist, daß phänotypisch uneigennütziges Verhalten genotypisch durchaus eigennützig sein kann. Begünstigt ist insoweit der Genpool, die Summe der beteiligten Genotypen.

Nach Auffassung der Populationsbiologen ist das Phänomen der abgestuften Verwandtenunterstützung ein in der Natur immer wiederkehrendes Prinzip. Sie charakterisierten es als Sippenselektion, auf englisch „kin selection“. Das Prinzip der Sippenselektion wurde zentraler Punkt im soziobiologischen Gedankensystem[94].

---

92 Vogel, Vom Töten, 28-30.
93 Roes, Stichwort Maximizing inclusive fitness.
94 Hamilton, 1-52, Vogel, Vom Töten, 31.

Möglicherweise wirft der Aspekt des genetischen Eigennutzes ein verändertes Bild auf die von den Ethologen beschriebenen Beobachtungen. Diese werden von den Soziobiologen nicht bestritten, sondern anders interpretiert - eben im Lichte der allein von den Genen als evolutiver Einheit getragenen „kin selection".
Anhand der genannten Beispiele aus der Aggressions- und Altruismusforschung wird überprüft, ob das jeweilige Verhalten der persönlichen Fitness eines Lebewesens oder der Gesamtfitness einer Population dient und einer dieser Kategorien zugeteilt werden kann.

3. Aggression und Altruismus[95]

a. Aggression

Der Aggressionsbegriff der Populationsbiologen gleicht dem der Ethologen nicht exakt. Nach dem dargestellten ethologischen Aggressionsmodell, das von einem zirkulär sich aufstauenden und entladenden Aggressionspotential ausgeht, ist Aggression als Potential angeboren und nicht veränderbar[96]. Die Populationsbiologen gehen dagegen von einem flexiblen Aggressionsmodell aus. Eine gewisse Disposition zur Aggression ist demnach angeboren, aggressives Verhalten aber stark von den in der Umwelt gebotenen Reizen abhängig und demnach veränder- und sogar steuerbar[97].

aa. Auslösung

Aggressive Verhaltensmuster, die bei bestimmten Gefahren per Mechanismus ausgelöst werden, wurden bei Dohlen und bei bestimmten Affenarten beschrieben. Dohlen leben in kleinen, überschaubaren Populationen von vielfach verwandten Vögeln zusammen. Die erfaßten Affenarten leben ebenso in großfamiliären Verbänden zusammen.
Das Verhalten, einem Artgenossen bei Ausstoß eines Notschreies zu Hilfe zu eilen, kommt im Regelfall also nicht einem beliebigen Artgenossen, sondern einem verwandten Tier zugute. Es besteht also meist eine genetische Nähe zwischen dem in Not geratenen und dem helfenden Tier. Folglich dient dieses Verhalten zwar nicht der persönlichen Fitness des handelnden Tieres, aber der Gesamtfitness der verwandten Population.

---

95 Die jeweilige Intensität und Komplexität des Verhaltens folgt den Abstufungen des Sozialzusammenhalts von der anonymen Schar über Verbände mit gemeinsamen Kennzeichen bis zu kleinen Rudeln aus Verwandten und Bekannten. Je höher die Organisationsstufe ist, desto mehr differenzierte Mechanismen der Aggression und des Altruismus sind zu beobachten.

96 Vgl. C.II.3.a.

97 Segerstrale, 276, 277.

bb. Hemmung

Nichtaggressive Verhaltensmuster, die trotz aggressiver Zielgerichtetheit eine Verletzung des Artgenossen verhindert, wurden in den Bereichen der Partnerbildung, des Kommentkampfes und der Befriedungsgesten beschrieben.

Die bei Fischen beschriebenen Verhaltensweisen, zwischen Partnern bestehende Haßliebe durch Hemmungsmechanismen abzuschwächen, werten die Populationsbiologen nicht so sehr als Schutz für Artgenossen, sondern als final genetisch eigennützig. Es handelt sich dabei ihrer Auffassung nach um evolutiv notwendige Akte im Lichte gemeinsamer Reproduktion.

Die in der Natur beobachteten Verhaltensweisen der Kommentkämpfe und der Befriedungsgesten werden wie im Beispiel der Damhirsche regelmäßig allen Artgenossen gegenüber gezeigt und scheinen sich nur schwer als entweder der persönlichen Fitness des Individuums oder der Gesamtfitness der verwandten Population dienend einordnen zu lassen[98].

Bei Lebewesen mit hoch organisierter Sozialstruktur ist aber festzustellen, daß es Arten gibt, die auch innerartlichen Beschädigungskampf betreiben. Sowohl Ameisen- als auch Bienenvölker gehen mit äußerster körperlicher Härte gegen gleichartige, aber nicht zum eigenen Volk gehörige Eindringlinge vor[99].
Sehr deutlich wird dies auch am Beispiel der Ratten, bei denen je nach Situation Regelkampf oder Beschädigungskampf alternativ stattfinden. Konrad Lorenz selbst beschreibt dies in eindringlicher Weise. In einer Sippe von Hausratten finden nur harmlose Kommentkämpfe statt. Sobald aber eine sippenfremde Ratte in das gleiche Revier gesetzt wird, wird sie systematisch verfolgt und in der Folge von ihren Artgenossen totgebissen[100].

Konrad Lorenz kann diese Phänomene nur als „Erfindung des Teufels“ oder mit ihm „noch unbekannte(n) (...) selektierende(n) Faktoren“ erklären[101]. Die Beobachtungen passen nicht in das ethologische System, lassen sich aber mit den dargestellten Fitnesskonzepten leicht erklären. In seiner Ambivalenz dient das Verhalten der persönlichen Fitness, soweit es um den Schutz eines Reviers zur Aufzucht von Jungen mit dem Partner geht, und der Gesamtfitness, soweit es um den Schutz des Sippenreviers geht.

---

98 Die Phänomene lassen sich plausibel mit dem Konzept einer gemischten evolutionsstabilen Strategie erklären. Diese im Detail zu erläutern würde hier zu weit führen. Darum sei auf die exakte Herleitungen von Maynard Smith, 26, 28 m.w.Nw. und die Erklärung bei Vogel, Vom Töten, 79, 80 verwiesen.

99 Lorenz, Das Böse, 10. Kapitel, 154.

100 Lorenz, a.a.O., 10. Kapitel, 155-160, ähnlich für Gänse auch 11. Kapitel, 183.

101 Lorenz, a.a.O., 10. Kapitel, 160.

Auch bei bestimmten Affenarten, speziell bei Pavianen und Schimpansen, wurde festgestellt, daß es heftige Verletzungskämpfe zwischen gleichartigen Sippen gibt, die sogar bis zur Ausrottung der gegnerischen Sippe führen können. Es geht dabei regelmäßig um Reviererweiterung, und die Art des Kämpfens gleicht in nichts einem geordneten Kampf nach Regeln, sondern vielmehr brutaler Jagd, bei der alles erlaubt ist[102]. Diese Auseinandersetzungen können je nach Ausgang die persönliche Fitness jedes Lebewesens und die Gesamtfitness der jeweiligen Sippe stärken.
Alle diese Beobachtungen sind plausible Belege dafür, daß sich das Verhalten durchgesetzt hat, das einem Individuum oder ihm verwandten Individuen in ihrer Gesamtheit nützt. Aggressives Verhalten richtet sich demnach weitgehend nach ingroup/outgroup Maßstäben. Entscheidend für Ausübung oder Nichtausübung aggressiven Verhaltens ist die Zugehörigkeit des jeweiligen Lebewesens zur Gruppe.

b. Altruismus

Soweit Verhalten, das altruistisch ausgestaltet ist, auf seinen Nutzen für die Fitnesskonzepte überprüft wird, ist wiederum zwischen den Kategorien des sanften Altruismus und des strengen Altruismus, die sich stark in der Intensität der Selbstlosigkeit der Handlung unterscheiden, zu unterscheiden.

aa. Sanfter Altruismus

Der sanfte Altruismus ist gekennzeichnet durch das Zusammenwirken zweier oder mehrerer Lebewesen zu einem gemeinsamen Zweck. Derartiges Verhalten ist insbesondere in den Bereichen der Paarbildung und Aufzucht zu beobachten.

Schon bei der Diskussion der verschiedenen Realisierungen kooperativen Verhaltens wurde festgestellt, daß die Kooperation zum Zwecke der Paarbildung und Aufzucht in Hinblick auf den eigenen Fortpflanzungserfolg höchst eigennützig ist. Folglich handelt es sich hierbei um Verhalten, das überwiegend der persönlichen Fitness des Lebewesens dient.

bb. Strenger Altruismus

Der strenge Altruismus zeichnet sich dadurch aus, daß das handelnde Lebewesen zugunsten eines anderen Lebewesens auf eigene Reproduktionschancen verzichtet.

Dies ist der Fall bei dem innerhalb vieler Arten verbreiteten Wächterverhalten. Sowohl bei den in Völkern zusammenlebenden Ameisen als auch bei den ähnlich

---

102 Vogel, Vom Töten, 117-120.

eng organisierten Bienen, die alle von einem Tier abstammen, ist zu bemerken, daß dieses Verhalten allein verwandten Tieren zugute kommt. Erdmännchen und Murmeltiere leben in sippenartigen Gruppen zusammen. Auch hier nützt das Verhalten überwiegend Sippenmitgliedern, die mit dem handelnden Lebewesen den Genpool teilen. Die altruistischen Handlungen dienen in diesen Fällen somit der Gesamtfitness der beteiligten Lebewesen.

Die generelle Annahme einer artinternen Tötungshemmung kann bei Berücksichtigung umfassender Beobachtungen nicht aufrechterhalten werden[103]. Ameisen und Bienen töten, wie dargestellt, artgleiche Eindringlinge fremder Völker, und Mäuse und Ratten beißen sippenfremde Artgenossen auf grausame Art und Weise zu Tode[104].
Von Schimpansen wird berichtet, daß im Kampf gegen erwachsene Artgenossen, die Mitglieder anderer Gruppen sind, Gelenke ausgerenkt, bewegungslose Opfer besprungen und ihnen Hautstücke herausgebissen werden. Andere Darstellungen beschreiben, daß sippenfremde Junge bei lebendigem Leibe zerrissen werden[105]. Auch Forscher, die das Zusammenleben von Löwen studiert haben, bestätigen, daß Infantizide oft vorkommen[106]. Allen diesen Tötungsakten ist gemeinsam, daß sie eine Schwächung der fremden Sippe und eine Stärkung der eigenen Sippe mit sich bringen. Daher sind sie mit dem Konzept der Gesamtfitness zu erklären.

Das Verhalten der Bruthilfe kommt in allen geschilderten Fällen überwiegend nahen Verwandten zugute. Es sind sowohl bei Vögeln als auch bei Ratten und Affen immer die Geschwister der Eltern oder die älteren Geschwister der Jungen aus einem früheren Nest, die die Eltern unterstützen oder bei ihrem Ausfall einspringen. Bei Löwen geht das Zusammenwirken nach Verwandtschaftsgrad so weit, daß ein männlicher Rudelführer die nicht von ihm gezeugten Jungen tötet, um sich möglichst bald wieder mit der entsprechenden Löwin paaren zu können[107]. Dies kann als extreme selektive Folge des Fitnesskonzeptes gewertet werden.

Die Darstellungen von der liebevoll wirkenden Aufzucht eigener Jungen auf der einen und den brutalen Tötungsakten Sippenfremder auf der anderen Seite erlauben kaum, den Gedanken arterhaltenden Zusammenwirkens aufrechtzuerhalten. Unter dem Aspekt der Steigerung der persönlichen Fitness und der Gesamtfitness erscheinen diese Phänomene aber sehr plausibel.

---

103 Dieser Punkt wurde nicht bei Aggression, sondern bei Altruismus behandelt, weil mit der Konstellation, daß der siegreiche Kämpfer seinen Konkurrenten verschont, die Elemente einer uneigennützigen Handlung gegeben sind und überwiegen.

104 Lorenz, Das Böse, 10. Kapitel, 154-160.

105 Vogel, Vom Töten, 118, 119.

106 Seibt/Wickler, Eigennutz, 88-93.

107 Seibt/Wickler, a.a.O., 88-93.

4. Moralische und rechtliche Folgerungen der Soziobiologen

Fraglich ist, welche gedanklichen und weltanschaulichen Konsequenzen die Betrachtungen der Populationsbiologen nach sich ziehen. Dabei ist insbesondere von Interesse, welche moralischen und rechtlichen Auswirkungen das Prinzip des genetischen Eigennutzes und das Konzept der Sippenselektion entfalten.

Auch hier sei darauf hingewiesen, daß in diesem Zusammenhang kein bewußtes Handeln angenommen wird und die Begriffe moralisch und rechtlich nur in funktioneller Hinsicht verwendet werden[108].

a. Moralische Konsequenzen

Angesichts der Tatsache, daß Menschen bisher nicht Gegenstand dieser Untersuchung waren, kann der menschliche Moralbegriff auch hier nicht zugrunde gelegt werden. Es geht wiederum um die prämoralischen Verhaltenstendenzen, die sogenannte natürliche Moral, nicht um die fortgeschrittene menschliche Moral[109].

Sowohl egoistische als auch sozial-sorgende Verhaltensweisen lassen sich mit dem Prinzip des genetischen Eigennutzes erklären und sind als final genetisch eigennützig zu bewerten. Selbstloses Verhalten ist in den Maßstäben der natürlichen Moral nicht vorgesehen. Egoistisches Verhalten dient der persönlichen Fitness des handelnden Lebewesens. Phänotypisch altruistisches Verhalten kommt regelmäßig Individuen des gleichen Genpools und damit der Gesamtfitness der darin zusammengefaßten Lebewesen zugute. Deswegen ist es genotypisch von Eigennutz geprägt.

Die natürliche Moral der höher entwickelten Lebewesen läßt sich so zutreffend als doppelte Moral beschreiben.

(1.) Gegenseitiges Erkennen: Die Lebewesen einer Art erkennen sich oft weniger als Artgenossen denn vielmehr als Mitglied bzw. Nichtmitglied der gleichen Gruppe oder Sippe. So wird zum Beispiel oft nach dem Geruch die Zugehörigkeit zu einer bestimmten Gruppe oder Sippe bestimmt.

(2.) Aggression: Gruppenmitglieder werden respektiert, bei Auseinandersetzungen wird ihnen kein wesentlicher Schaden zugefügt. Nicht-Gruppenmitgliedern gegenüber wird, zumindest bei einigen Arten, rücksichtsloses Beschädigungsverhalten gezeigt.

---

108 Vgl. C.II.4.

109 Vgl. C.II.4.a.

(3.) Altruismus: Mitglieder einer Sippe unterstützen sich speziell in fortpflanzungsrelevanten Feldern, wobei ein Lebewesen eigene Reproduktionschancen zugunsten eines anderen Lebewesens aufgibt. Solches Verhalten wird Nichtmitgliedern der Sippe gegenüber nicht gezeigt.

(4.) Selektionseinheit Poulation: Zusammengefaßt weist dies darauf hin, daß Mitglieder eines Genpools auffallend oft zum Wohle aller Lebewesen im genetischen Näheverhältnis zusammenwirken. Artgenossen, die nicht Mitglieder dieses Näheverhältnisses sind, werden von diesem Zusammenhalt regelmäßig nicht erfaßt. So entsteht ein System doppelter Moral im Verhältnis zu den Artgenossen[110].

b. Rechtliche Konsequenzen

Die festgestellten Maßstäbe doppelter Moral lassen sich in rechtsentsprechende Handlungsanleitungen übersetzen.
In diesem Zusammenhang handelt es sich angesichts der Tatsache, daß hier kein bewußtes Handeln angenommen wird, wie dargestellt, um prärechtliche Verhaltenstendenzen, sozusagen um die der Natur entnommenen Gesetzmäßigkeiten, nicht um ein konstruiertes Normensystem[111].

Das prägende Prinzip der Doppelmoral läßt sich auch in diesem Bereich fortschreiben:

(1.) Populationsorientiertes Verhalten: Ein allgemeiner Artkonsens ist nicht erkennbar. Vielmehr kommen je nach Populationsstatus des Lebewesens, mit dem Interaktion auftritt, unterschiedliche Handlungsanleitungen zur Anwendung. Für die Lebewesen in einem genetischen Näheverhältnis gelten andere Regeln als für die übrigen Lebewesen der gleichen Art. Ein arteinheitliches Regelwerk gibt es nicht. Mitglieder der skizzierten Gruppe bilden ein reges Netzwerk mit Austausch gemeinnütziger Handlungen, Nichtmitgliedern werden überwiegend nichtfördernde Verhaltensweisen entgegengebracht. Dieses von den Populationsbiologen mit ingroup/outgroup bezeichnete Konzept ist wesentliches Merkmal der in der Natur geltenden Normen.

(2.) Gleichbehandlung: In der Natur herrscht, den dargestellten Regeln entsprechend, ein fein nach genetischen Nähegraden differenzierendes System. Nicht allen Lebewesen gegenüber wird das gleiche Verhalten gezeigt. Entscheidend für ein gleiches Verhalten ist das Kriterium der Zugehörigkeit zum gleichen Genpool. Eine vergleichbare Situation läßt deswegen keineswegs auf gleiches Verhalten schließen. Artgenossen, die zu dem handelnden Lebewesen in einem

---

110 Vogel, Vom Töten, 25-27, 38-41, 52-56.
111 Vgl. C.II.4.b.

genetischen Näheverhältnis stehen, werden meist besser behandelt als nichtverwandte Lebewesen.

Das Prinzip der doppelten Moral setzt sich also in dem natürlichen System von Handlungsprinzipen fort. Nach dem ingroup/outgroup Konzept entscheidet die Gruppenzugehörigkeit im genetischen Näheverhältnis darüber, welcher Handlungsmaßstab angelegt wird. Dies weist auf ein auf Artebene geltendes inegalitäres System hin[112]. Nach Auffassung der Populations- und Soziobiologen hat sich dieses Verhalten zwangsläufig in der natürlichen Selektion durchgesetzt.
Das inegalitäre Verhalten bezieht sich auf Individuen in einer Population im Verhältnis zu Artgenossen anderer Verbände. Über das Verhalten innerhalb einer Population, das regelmäßig von Strukturen sozialer Hierarchie geprägt wird, werden keine Aussagen getroffen, da es nicht Gegenstand dieser Untersuchung ist. Zur Gegenüberstellung des ethologischen und des soziobiologischen Gesamtkonzeptes sei auch auf die Skizze im Anhang verwiesen[113].

Als entscheidende Konsequenz der soziobiologischen Positionen ist festzuhalten, daß es im Bereich der dem Menschen nah verwandten, hoch entwickelten Lebewesen keine Tendenz zur Gleichbehandlung, sondern vielmehr eine natürliche Disposition zur Ungleichbehandlung gibt.
Übersetzt auf rechtswissenschaftliche Überlegungen hieße das, daß in der Natur Tendenz zur Ungleichbehandlung herrscht, die dem Gleichheitssatz in seiner grundgesetzlichen Form widerspricht[114]. Bisher ist allerdings auch hier ausgeklammert, inwieweit diese Erkenntnisse auf den Menschen anwendbar sind.

IV. Zusammenfassende Gegenüberstellung des ethologischen und des soziobiologischen Ansatzes

Obwohl sich die Aussagen der Ethologen und der Soziobiologen in Hinblick auf die experimentellen Beobachtungen unterscheiden, so ergeben doch die Annahme der Evolutionseinheiten Individuum und Art einerseits und die Überzeugung, daß die Gene die entscheidenden Evolutionseinheiten sind, andererseits ganz wesensverschiedene, weltanschauliche Konsequenzen. Fraglich ist, welche Auffassung überzeugt.

---

112 Auch hier gilt, daß diese Erkenntnis sich so nur auf das Verhalten der Lebewesen, die Strukturen des sozialen Zusammenlebens in gewisser Komplexität entwickelt haben, beziehen kann. Vgl. C.II.4.b. Fn.

113 Vgl. Skizze 4 im Anhang.

114 Der Vergleich natürlicher Populationen mit den kulturell geprägten menschlichen Gesellschaften muß den Staat und seine Gewalten als Faktoren ausklammern. Nachdem der Gleichheitssatz allgemeines Strukturprinzip des Rechtsstaates ist und insofern nicht nur im Verhältnis Staat-Bürger wirkt, erscheint dieser Transfer aber berechtigt. Vgl. B.II.1.a., C.II.4.b. Fn.

„..the most severe fighting is fighting between chimps of different communities. And these fights are different from intra-community fights in two ways. First of all, they last much longer and all of those we have seen, have been gang attacks, that is two or more males, up to five males, attacking a single victim jointly and they have been very much longer than the fights we have seen between members of the same community. .. And secondly, the patterns of aggression in inter-community fighting are sometimes different and we have seen patterns otherwise only observed in meat eating context, such as tearing off strips of skin from the victim,.., and even drinking his or her blood.“[115]

Die Darstellung des Zitates läßt die Überlegung, daß Individuum und Art die entscheidenden Evolutionseinheiten sind, kaum haltbar erscheinen. Dazu kommt als ausschlaggebendes Argument, daß der Gedanke, die Art als evolutive Einheit einzusetzen ohnehin ein Kunstgriff war. Es bleiben Lücken in der experimentellen Realität, zum Teil müssen Verhaltensweisen als Fehlfunktionen oder mit (noch) unbekannten Faktoren erklärt werden[116] .

Demgegenüber ermöglicht die Annahme, daß die Gene die treibenden Evolutionsfaktoren sind, alle beschriebenen Verhaltensweisen mit dem Prinzip der natürlichen Selektion lückenlos zu erklären. Die Überlegungen tragen der Replikatoreneigenschaft der Gene Rechnung. Die Annahmen, die sich im Lichte der Konzepte der persönlichen Fitness und der Gesamtfitness ergeben, lassen sich zudem in der experimentellen Realität durchweg bestätigen.

Das evolutive Modell der Populationsbiologen hat sich weitgehend durchgesetzt und wurde in seinen Annahmen auch von ethologischer Seite akzeptiert[117] . Entscheidend für den Zusammenhang dieser Arbeit ist, daß sich damit auch das soziobiologische Modell der natürlichen Moral und der natürlichen Rechtsmaßstäbe als wirklichkeitsentsprechend erweist. Nicht Individuum und Art, sondern die Gene sind die entscheidenden Evolutionseinheiten. Deswegen sind in der Natur auch nicht am individuellen Eigennutz und am Wohle der Art orientiertes, moral-analoges Verhalten, sondern Handlungen, die entweder der persönlichen Fitness oder der Gesamtfitness der beteiligten Lebewesen dienen, angelegt. Typisch ist es demnach, daß ein Lebewesen seine Artgenossen je nach genetischem Nähegrad ungleich behandelt.

---

115 Jane Goodall im Interview mit Ingrid König im Westdeutschen Rundfunk, 1986, zitiert nach Vogel, Vom Töten, 117, 118.

116 Lorenz, Das Böse, 10. Kapitel, 159.

117 Wickler, 94, Eibl, Grundriß, 1987, 453-459.

In diesem Zusammenhang ist von entscheidender Bedeutung, ob diese Erkenntnisse auf den Menschen anwendbar sind und ob dies in der Konsequenz heißt, daß der Gleichheitssatz der Natur des Menschen widerspricht. Dies wird in der Folge untersucht.

D. Gleichheit und Evolution

Der Gleichheitssatz beruht als tragendes Verfassungsprinzip im Grundgesetz wesentlich auf dem Gedankengut der Aufklärung und ihren Realisierungen im Gefolge der amerikanischen und der französischen Revolution. Wenn sich die evolutionsbiologischen Erkenntnisse und besonders die Handlungstendenzen, nach biogenetischer Gruppenzugehörigkeit zu differenzieren, auf den Menschen übertragen ließen, würde daraus folgen, daß die Prinzipien „liberté, égalité et fraternité" Utopie bleiben müßten, da sie nicht parallel zu verwirklichen wären.

Das Ideal umfassender Gleichbehandlungsgarantien ließe sich nie erreichen. Allenfalls wäre das Postulat der Brüderlichkeit zu verwirklichen, aber nicht im Sinne sozialer Gesinnung, die zur Verfügung stehenden Güter zu teilen, sondern im Sinne differenzierender Sippenselektion. Das Prinzip des genetischen Eigennutzes und die Konzeption des Gleichheitssatzes träten in diesem Lichte in einen Widerspruch.
Ob dieser Widerspruch tatsächlich so oder ähnlich besteht und inwieweit er mit Hilfe anderer Faktoren auflösbar ist, wird im folgenden, zentralen Abschnitt untersucht.

I. Der rechtsfähige Mensch im Lichte der evolutionsbiologischen Erkenntnisse

Gegenstand der Untersuchung ist der rechtsfähige Mensch. Fraglich ist, ob die Prinzipien des genetischen Eigennutzes und der Sippenselektion in den Strukturen seines sozialen Zusammenlebens eine Rolle spielen.
Dies würde bedeuten, daß Menschen nur in ihren Beziehungen mit den Mitmenschen, mit denen sie den Genpool teilen, also mit den Verwandten, Elemente der Aggressionshemmung und des Altruismus zeigen. Deswegen ist zu überprüfen, inwieweit der Mensch den Gesetzen der Evolution unterworfen ist und die damit verbundenen Verhaltenstendenzen im Bereich menschlicher Gesellschaften wirken.

1. Der Mensch als Natur- und Kulturwesen

Darwin begriff den Menschen nicht als Stern oder Krone einer Schöpfung, sondern als ein Lebewesen, das wie alle anderen der Evolution unterworfen ist. Dies war zu seiner Zeit, wie dargestellt[1], unerhört und mit dem geltenden Welt- und Menschenbild kaum vereinbar. Seine Sicht konnte sich im Laufe der Jahrzehnte angesichts konstanter wissenschaftlicher Bestätigung durchsetzen und gilt heute

[1] Darwin, Abstammung, 6. Kapitel, 163, 167 und C.I.2.c.

als allgemein akzeptiert[2]. Die evolutiven Mechanismen sind bei der Spezies „Homo sapiens sapiens“ demnach anwendbar.

Im Sinne der modernen Evolutionsbiologie formuliert bedeutet dies, daß die menschliche Evolution von einem Wettbewerb der Genotypen beherrscht ist. Auf der Basis genetischer Variationen entstehen neue Verhaltensstrukturen. Dieses Verhalten der Phänotypen, das die Fitness der Genotypen optimiert, kann sich im Prozeß der natürlichen Selektion durchsetzen. Fähigkeit und Neigung zu diesem Verhalten, das der Ausbreitung des Genpools dient, werden sich in den folgenden Generationen fortsetzen und so wiedererkennen lassen[3]. Es ist evolutiv erfolgreich.

Die natürliche Selektion formt so das menschliche Verhalten. Fraglich ist, ob dies bedeutet, daß auch die beschriebenen Erkenntnisse der Populationsbiologen zur Differenzierung nach Gruppenzugehörigkeit für den Menschen gelten. Nicht alle Erkenntnisse, die sich aufgrund von Beobachtungen in der Tierwelt ergeben haben, sind ohne weiteres auf den Menschen übertragbar.
Im Bereich der hoch entwickelten Lebewesen treten neben die evolutiv entwickelten, starr oder als Tendenz vererbten Merkmale und Verhaltensweisen solche, die durch Erfahrung im gesellschaftlichen Kontext erworben und per Imitation oder Kommunikation weitergegeben werden[4]. Während jene als natürliche Elemente bezeichnet werden, sind diese die sogenannten kulturellen Faktoren.

Generell beschreibt Kultur die Gesamtheit aller typischen, selbstgeschaffenen und tradierten Lebensfaktoren größerer Einheiten von Lebewesen.
Diese Definition enthält als ein wesentliches charakterisierendes Moment, daß es sich um selbstgeschaffene Merkmale der jeweiligen Population handelt. So geschaffene kulturelle Faktoren können eine Melodie bzw. Tonfolge, der Gebrauch eines Werkzeuges oder ein Verhaltensritual, zum Beispiel im Not- oder Krankheitsfall, sein. Derartige Merkmale treten sowohl bei Populationen von Vögeln als auch bei Affen und Menschen auf und werden von diesen in der Population tradiert[5]. Das Element eines Bewußtseins ist nicht erforderlich, im Falle des Menschen geschehen Entstehung und Verbreitung kultureller Faktoren allerdings regelmäßig auf der Basis bewußter Prozesse.

---

[2] Irons, 4, Dennett, Die Zeit, 16.2.1996, 30, Eberl, SZ, 5./6.1. 1995, 24, Eibl, Grundriß, 1987, 453-457, Lopreato, 33, Wilson, Coevolution recording.

[3] Wilson, On Human Nature, 17-23, 32-35.

[4] Anhand von Affensippen konnte zum Beispiel die Entwicklung bestimmter Verhaltensweisen, die exklusiv in dieser Sozietät auftraten, von der Initiation über die Imitation bis zur lehrenden Weitergabe an jüngere Sippenmitglieder beobachtet werden. Im beschriebenen Fall handelte es sich um verschiedene Arten des Werkzeuggebrauches. Ähnliches ist von Nisttechniken bei Vögeln berichtet worden. Wilson, On Human Nature, 29-31, Eibl, Grundriß, 1987, 451, 452.

[5] Wilson, On Human Nature, 24-32, Eibl, Grundriß, 1987, 451, 452.

Der Begriff der menschlichen Kultur umfaßt in diesem Zusammenhang die gesamte vom Menschen geschaffene Welt von Ideen und Realisierungen[6]. Jede menschliche Gruppierung hat das Potential, eigene kulturelle Merkmale für sich zu erschaffen.

Das natürliche und das kulturelle Wesen des Menschen werden in der Evolutionsbiologie nicht als völlig voneinander getrennte Aspekte des Daseins behandelt[7]. Vielmehr wird angenommen, daß in der Natur des „Homo sapiens sapiens" die Fähigkeit zur Kultur angelegt ist[8]. Dieses kulturelle Potential ist dabei nicht unbedingt eine Errungenschaft des Menschen. Spuren von Kultur scheinen bei vielen Arten auf[9]. In ihrer Wirkung und ihrem Ausmaß bleibt die von Menschen geschaffene und gepflegte Kultur allerdings einzigartig. Menschliche und nichtmenschliche Kulturen sind nach diesem Ansatz immer nur graduell verschieden[10]. Für die Einzigartigkeit der Entwicklung der menschlichen Kultur werden mehrere verantwortliche Faktoren genannt.

Aus der anthropologischen Forschung stammen Erkenntnisse, nach denen zwei Momente in der Evolution dafür verantwortlich waren, daß der „Homo sapiens sapiens" sich anders als die mit ihm verwandten Primatenarten entwickelte.

Ein erster entscheidender Punkt der menschlichen Entwicklung ist in der Phase des evolutiven Übergangs von dem primitiven Hominiden Ramapithecus zum Australopithecus zu sehen. Dieser Übergang kann insgesamt 10 Millionen Jahre gedauert haben und hat zwischen 15 und 5 Millionen Jahren vor der heutigen Zeitrechnung stattgefunden. Er ist gekennzeichnet durch einen Wechsel des Lebensraumes und die anwachsende Größe des Gehirnes und seiner Kapazitäten. Während der Ramapithecus vorwiegend im tropischen Wald lebte und sich auf Bäumen aufhielt, zog der Australopithecus in offene Waldlandschaften und bevölkerte das Grasland der afrikanischen Savanne. Die Erschließung dieses neuen Lebensraumes zog entscheidende Adaptionen nach sich, die sich in der offenen Landschaft als erfolgreich durchsetzten. Dazu gehören die aufrechte Haltung und die Herausbildung der Hand als präzises Greiforgan. Mit den neuen Herausforderungen des Lebensraumes wuchs das Gehirn in seinen Kapazitäten, und es wurden Verhaltenstechniken entwickelt, die erlaubten, die mit den Adap-

---

[6] Alexander, 67.

[7] Im Sinne einer einheitlichen und folgerichtigen Abhandlung werden im Zusammenhang dieser Arbeit nur die evolutionsbiologischen Ansätze, die Phänomene der menschlichen Erkenntnis, Sprache und Kultur zu erklären, dargestellt. Dies rechtfertigt sich aus dem Titel „im Lichte der modernen Evolutionsbiologie" und erscheint auch aus Kapazitätsgründen sinnvoll. Eine ausgedehnte Darstellung aller wissenschaftlichen Meinungen zu diesen Themen wäre sehr umfangreich und wenig ergiebig für den Zweck dieser Arbeit.

[8] Wilson, Sociobiology, 284, Vorlesung, 14.12.94.

[9] So erfüllt jede Art des Werkzeuggebrauches, der von einer bestimmten Population gepflegt wird und durch Imitation weitergegeben wird, die genannten Definitionsvoraussetzungen.

[10] Knapp, 115-119.

tionen neu gewonnenen Möglichkeiten, den Lebensraum durch Fortbewegung und Werkzeuggebrauch zu gestalten, zu perfektionieren[11].

Ein zweiter, ebenso entscheidender Punkt in der menschlichen Entwicklung vollzog sich vor etwa 100.000 Jahren. Angesichts der wachsenden Herausforderungen in den erschlossenen Lebensräumen hatte das Gehirn in Größe und Kapazität einen Moment erreicht, an dem mentale Evolution möglich wurde[12].
Die mentale Evolution kann sich auf der Basis von vier elementaren Bausteinen entwickeln. Diese Bausteine sind das Selbstbewußtsein, das symbolische Denken, das Gedächtnis und die Kommunikationsfähigkeit.

Der mentale Mensch ist sich seiner selbst bewußt, und eben dieses Selbstbewußtsein ist Ausgangspunkt für kognitives Handeln. Es kann und soll hier nicht diskutiert werden, ob sich das menschliche Selbstbewußtsein graduell oder sprunghaft herausgebildet hat, entscheidend ist vielmehr, daß das Selbstbewußtsein die Dimensionen der mentalen Evolution mitbestimmt[13].

Symbolisches Denken und die Fähigkeit, etwas im Gedächtnis zu behalten, sind mentale Elemente, die der moderne Mensch zumindest teilweise mit den Menschenaffen teilt. Feldforschung hat ergeben, daß es Schimpansen, Orang-Utans und Gorillas möglich ist, Symbole gedanklich mit Gegenständen zu verknüpfen und sich diese auch nach Ablauf längerer Zeit wieder wachzurufen. Die Menschenaffen verfügen also über Vorstellungskraft und die Fähigkeit, sich zu erinnern[14]. Obwohl die Genotypen eines Menschen und eines Menschenaffen nur in 1% voneinander abweichen, reichen die kulturellen Begabungen der Menschenaffen in Hinblick auf symbolisches Denken und Erinnerung aber regelmäßig nicht über die eines ca. 5-7 Jahre alten menschlichen Kindes hinaus[15]. Die Menschenaffen sind den Weg der mentalen Evolution bis zu einem gewissen Grad gegangen, erfuhren aber nicht die gleichen günstigen Bedingungen wie der Mensch, um diese Fähigkeiten entsprechend zu entwickeln und zu perfektionieren[16]. Die Elemente symbolischer Verknüpfung und der Fähigkeit, diese Repräsentationen im

---

[11] Wilson, Sociobiology, 290-297, Lumsden/Wilson, Prometheus, 3-13, 160-165.

[12] Wilson, Sociobiology, 290-297, Lumsden/Wilson, Prometheus, 13-21.

[13] Erst auf dieser Basis konnte sich abbildende Kunst im Sinne von Höhlengemälden und Skulpturen entwickeln. Lumsden/Wilson, Prometheus, 103.

[14] Fouts/Fouts, Chimpanzee's Use of Sign Language, White Miles, Language and the Orang-Utan, Gordon/Patterson, The Case for the Personhood of Gorillas, alle in: Cavalieri/Singer, The Great Ape Project, 28-39, 42-54, 58-76, Vogel, Primatenforschung, 3-28.

[15] Angesichts der Parallelitäten in der Evolution der Menschenaffen und der Menschen wird von Wissenschaftlern zunehmend gefordert, den Menschenaffen mit einer Declaration zu ihrem Schutz gewisse Menschenrechte (Recht auf Leben, freie Entfaltung und körperliche Unversehrtheit) zu gewähren. Cavalieri/Singer, The Great Ape Project, 4-7.

[16] Lumsden/Wilson, Prometheus, 105-107.

Gedächtnis zu speichern und abzurufen, ermöglichen die mentale Evolution moderner Kognition[17].

Weiteres entscheidendes Element der mentalen Evolution ist die Fähigkeit zur Kommunikation selbst-bewußter, mentaler Vorgänge. Die Hominiden lebten in überschaubaren, kleinen Gruppen. Ihr Erfolg war von der Fähigkeit, sich auszutauschen, um als Einheit in der Gruppe zu handeln, abhängig. Ohne auf die Ursprünge der Kommunikation einzugehen, kann festgehalten werden, daß mit der Herausbildung sprachlicher Systeme die Verständigungsmöglichkeiten der Menschen deutlich wuchsen[18]. Auch die Entwicklung der Kommunikationsfähigkeit zu sprachlichen Systemen ist somit wesentlicher Baustein der mentalen Evolution.

Mit dem Zug in offene Lebensräume konnten die Hominiden ihre Gehirnkapazitäten stark entwickeln. So wurden die wesentlichen Voraussetzungen für den Prozeß mentaler Evolution geschaffen, der sich mit den Bausteinen symbolisches Denken, Selbstbewußtsein, Gedächtnis und Kommunikationsfähigkeit realisiert. Diese Erkenntnisse bestätigen die Annahme, daß sich auf natürlicher Grundlage eine Fähigkeit zur Kultur herausgebildet hat, die verantwortlich für die gegenüber den nahestehenden Primatenfamilien einzigartige Entwicklung der Spezies „Homo sapiens sapiens“ ist.

2. Gene, Meme und Kulturgene

Nach der Entwicklungslehre läuft Evolution nach immer gleichen Gesetzen ab und ist ein Prinzip, das das Leben in seinen Erscheinungsformen wesentlich gestaltet. Die natürliche Selektion wirkt als antreibende Kraft, um die Einheiten auszuwählen, die sich als erfolgreich bewähren und sich wegen ihrer Selektionsvorteile ausbreiten. Konsequenterweise nehmen die Soziobiologen an, daß auch die Entwicklung der Kultur diesen Gesetzen folgt[19].

Um keine Mißverständnisse aufkommen zu lassen, sei betont: Die Gene oder andere biologische Faktoren spielen hier keinerlei Rolle mehr. Vielmehr wird nur angenommen, daß die Entwicklung kultureller Faktoren nach den gleichen Mechanismen verläuft wie die biologischer Merkmale. Die entscheidenden Einheiten der kulturellen Evolution sind deswegen auch nicht die Gene. Allerdings handelt es sich aufgrund der Analogie um sich selbst replizierende Einheiten, sogenannte Replikatoren[20].

---

[17] Varela, 38-46.

[18] Wilson, Sociobiology, 280-284, Lumsden/Wilson, Prometheus, 109-115.

[19] Die entscheidenden Gesetze, die die Evolution bestimmen, sind die Regeln der Variation, der Selektion und der Neigungsvererbung. Vgl. C.1.3.b.

[20] Alexander, 69-75.

In dem Entwurf von Dawkins werden die Einheiten der kulturellen Evolution als Meme[21] bezeichnet. Meme sind Ideen, Theorien, Moden, Melodien, aber auch kulturelle Techniken und Praktiken. Eine einleuchtende Idee, eine Melodie, die ins Ohr geht, oder eine bestimmte Art und Weise des Werkzeuggebrauchs werden tendenziell sehr oft weitergegeben. Meme pflanzen sich von Gehirn zu Gehirn fort und breiten sich dadurch aus, daß der Empfänger des Mems bereit ist, es an andere Menschen zu adressieren und so zu replizieren.
Wissenschaftler tragen ihre Gedanken in Vorlesungen vor oder publizieren sie und pflanzen sie so in die Gehirne ihrer Studenten ein, die sie - je nach Überzeugungskraft - auch weitergeben. Nach dem gleichen Modell verbreiten sich zum Beispiel Prinzipien wie der Glaube an Gott, die Demokratie, aber auch Takte von Abba oder Mozart[22]. Sofern die Meme Anklang finden, werden sie tradiert. Die Meme werden durch Imitation und Kommunikation repliziert[23].

Aus dieser Perspektive ist die Fähigkeit, Meme in die Welt zu setzen, ein entscheidendes Merkmal des Menschseins. Während sich das genetische Erbe eines Menschen nach einigen Generationen in seiner Substanz aufgespalten und weitgehend verflüchtigt hat, können Meme das gesellschaftliche Leben über Jahrhunderte wesentlich prägen. So wirken die Meme Einsteins, Kants oder Bachs heute tagtäglich fort, was auf ihre biogenetischen Faktoren nur sehr begrenzt zutrifft[24].

Von Wilson werden die Einheiten der kulturellen Evolution als Kulturgene bezeichnet. Die Einheit eines Kulturgens konstituiert sich als ein mentales Konstrukt oder dessen Realisierung. Mit den Genen haben die Kulturgene wie die Meme allein ihre Rolle im evolutiven Prozeß gemeinsam. Das Kulturgen pflanzt sich im übertragenen Sinne fort, indem sich ein Mensch für die mit ihm verbundene Verhaltensvariante entscheidet. Günstige Kulturgene breiten sich aus, nachteilige verschwinden im Laufe der Zeit[25]. Kulturgene sind nach dieser Konzeption allerdings begrifflich an das mit ihnen verknüpfte Verhaltensmuster geknüpft und unterscheiden sich insofern begrifflich von den Memen.

Meme existieren unabhängig von ihren Realisierungen und ihrem Potential für die Reproduktion ihrer Besitzer. Ihnen wird kein evolutiver Wert im Sinne einer Fortpflanzungsförderung zugeschrieben[26]. Ihre Anziehungs- und Überzeugungs-

---

[21] abgeleitet von „mimen, nachahmen“.

[22] Die Art und Weise, wie ein Produkt wie Coca-Cola die Länder des Ostblocks, wie z.B. Rumänien, im Sturm erobern konnte, ist ein beredtes Beispiel für die Ausbreitung eines Memkomplexes. Vgl. Strauss, The European, 31.8.95, 5.

[23] Dawkins, Selfish Gene, 191-194.

[24] Dawkins, Selfish Gene, 198-200.

[25] Lumsden/Wilson, Prometheus, 120-122, 126, 139-147, Lumsden/Wilson, Genes, Mind and Culture, 305-307.

[26] Gleichwohl werden Meme zum Teil als effektive adapative Mechanismen bewertet. Masters, Nature, 108.

kraft entscheidet über ihre Ausbreitung[27]. Diese ist immer an die Weitergabe durch Menschen gebunden.
Werkzeuggebrauch oder der Einsatz von Nutztieren lassen sich als kulturelle Techniken in ihrer Ausbreitung daran messen, wie oft sie angewendet werden. Rein gedankliche Konzepte lassen sich angesichts der Tatsache, daß sie nicht an die Materie gebunden sind, nicht ohne weiteres verfolgen. Allerdings haben auch sie, wenn nicht direkt, so indirekt phänotypische Effekte auf das gesellschaftliche Leben. So lassen sich die Spuren ihrer Verbreitung nachvollziehen[28]. Typisch menschliches Transportmittel für die Übermittlung von Memen ist die Sprache[29].

Meme werden wie Gene als auf Ausbreitung programmierte Einheiten gesehen. Die Menschen dienen ihnen als Ausbreitungsmaschinen. Ihre Speicherkapazitäten sind, dem Speichervermögen einer modernen Maschine bzw. eines Computers entsprechend, begrenzt. Das Mem mit der höchsten Anziehungs- und Überzeugungskraft setzt sich in dieser Konkurrenz selektiv durch. Weitere Parallelitäten ergeben sich in mehrfacher Hinsicht. Gene und Meme können sich bei ihrer Ausbreitung verändern. Der genetischen Mutation entspricht die mimetische Interpretation. Gene und Meme können sich zu Komplexen verdichten[30].

Das Evolutionsmodell, das Meme als die entscheidenden Einheiten der kulturellen Evolution konstruiert hat, ist 1976 erschienen und findet bis heute eine Begründung in dem Umstand, daß diese Konzeption es vermag, das Leben folgerichtig in seiner organisierten Komplexität zu erklären. So kann Dawkins in einer neuen Auflage 1994 feststellen, daß das Mem sich als gedankliches Modell bewährt hat und angesichts der Tatsache, daß es weite Verbreitung erfahren hat, ein gutes und einleuchtendes[31] Mem zu sein scheint[32].

---

[27] Diese Annahme wurde zum Anlaß für Kritik an dem Konzept der Meme genommen. So wird der Vorwurf erhoben, die Verbreitung der Meme sei ein tautologisches Konstrukt. Die Aussage „Ein Mem, das für sich einnimmt, breitet sich aus. Meme breiten sich aus, wenn sie für sich einnnehmen." erscheint tautologisch. In diesem Zusammenhang wird verkannt, daß Meme über ihre Effekte auf Menschen definiert werden. Die Anziehungskraft eines Mems bestimmt sich immer in Bezug auf den Menschen, der sich mit dem Mem auseinandersetzt. Das Verbreitungspotential eines Mems kann dagegen immer nur in Relation zu allen Menschen, die mit dem Mem in Kontakt treten, ermittelt werden. Vgl. zum Tautologievorwurf, Knapp, 123 und zur Entgegnung C.I.4.b.

[28] Das ergibt sich aus der dargestellten Parallelität im Verhältnis Genotyp-Phänotyp und Mem-Mensch. Dies wird zum Teil nicht richtig erkannt. Vgl. Knapp, 123.

[29] Interessanterweise ergibt eine Analyse von Chromosomen und grammatisch-syntaktischen Regeln verblüffende Parallelitäten in Hinblick auf die zugrundeliegenden Strukturen. Masters, Nature, 78-92.

[30] Dawkins, Selfish Gene, 195-197.

[31] Die Wortwahl ist hier sehr wichtig, denn sowohl Meme als auch Kulturgene bewegen sich nicht in den Kategorien richtig und falsch und ein Absolutheitsanspruch wird nie erhoben

[32] Dawkins, Das egoistische Gen, 513-515.

Das menschliche Verhalten wird aus der Perspektive der Evolutionsbiologen also sowohl von biogenetisch als auch von gesellschaftlich tradierten Faktoren bestimmt.

3. Die Humansoziobiologie in der Kritik

Die Anwendung der soziobiologischen Erkenntnisse auf den Menschen wird zum Teil stark kritisiert. Auffallend ist dabei, daß sich die Gegner nicht so sehr durch Sachargumente auszeichnen, sondern vor allem Schwierigkeiten mit dem vermeintlich von den Soziobiologen vermittelten Weltbild haben. Das Argumentationsrepertoire konzentriert sich dabei auf drei Aspekte, die ins Zentrum der Diskussion gestellt werden und immer wiederkehren. Dies sind die Überbetonung erblicher gegenüber kultureller Tendenzen sowie die Vorwürfe des naturalistischen Fehlschlusses und des Determinismus.

Die wissenschaftliche Auseinandersetzung wird oft auf die simple Polarisierung „Ist der Mensch Produkt seiner Gene oder seiner Umwelt?" reduziert. Der Soziobiologie wird einseitige naturwissenschaftliche Analyse ohne Berücksichtigung der geistigen Komponenten menschlichen Daseins vorgeworfen[33]. Die Kritiker verkennen oder verschweigen dabei, daß die Modelle der Soziobiologie mehrdimensional argumentieren. Der Natur wird als den Menschen prägendem Faktor ein gewisser Stellenwert eingeräumt. Aber noch entscheidenderer Einfluß wird der Kultur zugestanden. Dies wird an den zentralen Stellen der soziobiologischen Werke ausdrücklich betont[34].

Öffentliches Aufsehen erregte der groß angelegte Angriff gegen die Soziobiologie, der in „The New York Review of Books" 1975 durch eine Gruppe von Wissenschaftlern, die sich „Science for the People" nannte, lanciert wurde. Darunter waren einige Kollegen Wilsons in der Harvard Fakultät. In dem Artikel wird der Soziobiologie die Legitimation imperialistischer, rassistischer und sozialdarwinistischer Tendenzen vorgeworfen[35]. Die Formulierungen tragen in sich die Überlegung, daß die Erkenntnisse der Soziobiologie nicht auf den Menschen bezogen werden dürfen, um jeden Mißbrauch auszuschließen[36]. Der Vorwurf läuft auf den sogenannten naturalistischen Fehlschluß hinaus: es wird angenommen, daß die wertfrei gewonnenen Thesen in den soziobiologischen Schriften als Postulate bewertet und die Ist-Zustände in Soll-Zustände uminterpretiert werden.

Der Fehlschluß erfolgt in der Tat nicht: die Soziobiologen legen Wert auf die Feststellung, daß Differenzierung nach Gruppenzugehörigkeit oder andere evolu-

---

[33] Hemminger, 31-56, Knapp, 96-109, Hauserman in Blank/Darrough, 21-31.

[34] Wilson, On Human Nature, 153 und Lumsden/Wilson, Prometheus, 37, 38, Ruse, Sense, 152-154, Wilson, Reflections, recording, Wilson, Coevolution, recording.

[35] Allen et al., NYRB, 13.11.1975.

[36] Gilman in Blank/Darrough, 51-63, Stent, 13-18, Hemminger 7-15, Knapp, 176-184.

tiv geformte Mechanismen nicht als Maßstäbe menschlichen Handelns herangezogen werden können. Im Gegenteil verwehren sie sich dagegen und die damit einhergehenden Implikationen von Rassismus vehement. Sie stellen nur bestimmte erbliche Dispositionen zu einem bestimmten Handeln fest. Diese natürlichen Tendenzen sind aber als solche moralisch weder zu begrüßen, noch zu verteufeln, sondern völlig indifferent[37]. Allein die Gefahr des Mißbrauchs kann zudem kein Argument gegen die Entwicklungen der Forschung sein[38].

In dem Schreiben der „Science for the People“ Bewegung wird der Soziobiologie weiterhin vorgeworfen, sie zeichne ein determistisches Weltbild [39]. Demnach ist der Mensch in ihrem Entwurf ein Produkt seiner natürlichen Triebe, es werden ihm gerade, biogenetische Pfade vorgezeichnet, von denen er nicht abweichen kann. Anhänger konservativer, biologistisch orientierter Kreise leiten daraus ab, daß undemokratische, anti-egalitäre Verhaltenstendenzen im Menschen angelegt und deshalb zu billigen seien[40]. Auch dieser Vorwurf trifft nicht zu, da die soziobiologischen Schriften davon ausgehen, daß zwar gewisse natürliche Dispositionen im menschlihen Verhaltensrepertoire angelegt sind, der Mensch in der Entscheidung über sein Verhalten aber frei ist, andere Faktoren zu berücksichtigen. Die entscheidende Rolle wird dabei klar den kulturellen Faktoren eingeräumt[41]. Die Soziobiologen argumentieren in diesem Zusammenhang, daß es im Sinne des aufgeklärten Menschen wichtig erscheint, das menschliche Handeln vom Schleier des Unbewußten zu befreien. Nur wenn der Mensch die in ihm angelegten Tendenzen kennt, kann er sich bewußt entscheiden, mit ihnen oder gegen sie zu handeln. Erst dieses Bewußtsein ermöglicht echte Handlungsfreiheit[42].

Abgesehen von dieser ideologisch gefärbten Auseinandersetzung[43] hat in Fachkeisen eine konstruktive Sachdiskussion stattgefunden[44]. Die Erkenntnissse der Humansoziobiologie wurden dabei weitgehend azeptiert. In den wesentlichen Punkten hat sie sich als überzeugende und wichtige Disziplin etablieren können[45].

---

[37] Seibt/Wickler, Männlich, Weiblich, 192-194, Vogel, Vom Töten, 35, 57.

[38] Wilson, NYRB, 10.12.1975, Lumsden/Wilson, Prometheus, 37-41.

[39] Allen et. al, NYRB, 13.11.1975.

[40] Mohr, 36, Rieger, 74.

[41] Wilson, NYRB, 10.12.1975, Lumsden/Wilson, Prometheus, 37-41, Wilson, Coevolution, recording.

[42] Vogel, Vom Töten, 58, 128, Wilson, Reflections, recording.

[43] Im Laufe der Diskussion kristallisierte sich heraus, daß „Science for the People“ versuchte, „Darwin zu verbrennen, um Marx zu retten“. Folgerichtigerweise wurde die Soziobiologie in kommunistischen Publikationen auch in der Folge als gefährliche, reaktionäre Strömung beschrieben. Vgl. Lumsden/Wilson, Prometheus, 43-45, Steigerwald, 77-83.

[44] Masters, Journal of Biol. Structures, 1979, 245-252.

[45] In der biologischen Fachwelt werden die Erkenntnisse in diversen Aspekten nach wie vor kontrovers diskutiert. Unabhängig von diesen Diskussionen herrscht wesentliche Übereinstimmung in den für diese Arbeit grundlegenden Annahmen, so daß es vertretbar erscheint, mit den dargestellten Thesen zu arbeiten und darauf aufzubauen.

II. Der Impuls der Differenzierung nach Gruppenzugehörigkeit: biogenetischer Faktor im Verhaltensrepertoire des Menschen?

Die Dualität von Natur- und Kulturwesen macht es schwer, zu bestimmen, ob eine bestimmte Handlung auf einem natürlichen oder einem kulturell bedingten Impuls beruht. Natürliche Impulse stellen evoluierte biologische Handlungsanleitungen dar, die typisch für die Spezies Mensch sind, während kulturelle Impulse ihre Basis in der von Menschenhand geschaffenen geistigen und körperlichen Welt finden.

1. Stammesgeschichtlich bedingte menschliche Handlungsmuster

Um zu bestimmen, ob und inwieweit die populationsbiologischen Perspektiven sich auch für die Art „Homo sapiens sapiens“ bewahrheiten, ist es an dieser Stelle entscheidend, zu klären, welche Handlungen das stammesgeschichtliche, natürliche Wesen des Menschen verantwortet. Der Einfluß der kulturellen Faktoren wird vorerst noch nicht berücksichtigt.

Um die angestrebte Differenzierung zu ermöglichen, ist es erforderlich, sich vor Augen zu führen, daß die Evolution der menschlichen Natur sich immer in einer für die Art biologisch vorgegebenen Bahn bewegt, während die Kultur im Wesen variabel ist, von der einen Bahn beliebig abweichen kann und sich in jeder Kultur unterschiedliche Strukturen menschlichen Verhaltens verwirklichen. Dies liegt in der Tatsache begründet, daß die menschliche Evolution im Takt von Jahrtausenden abläuft und keine Angelegenheit mehrerer Generationen wie die gezielte Zucht von Mäusen oder Kühen ist. So ist wissenschaftlich nachgewiesen, daß sich das genetische Set des vor 45.000 Jahren lebenden Cro-Magnon-Menschen von dem der heute lebenden, modernen Menschen kaum unterscheidet[46]. Dagegen sind die kulturellen Weichen überall und in jeder Gesellschaft der Möglichkeit der Änderung ausgesetzt[47].

Allein die natürlichen Verhaltensweisen oder -tendenzen sind in diesem Sinne als universal zu charakterisieren. Es ist nicht wahrscheinlich oder nachvollziehbar, daß sich eine Verhaltensweise oder -tendenz, die über Jahrhunderte universal in menschlichen Gesellschaften anzutreffen ist, ohne biologische Verankerung als bewußt gewähltes Element jeder Sozietät durchgesetzt hat. Das universale Auftreten trotz der Vielzahl kultureller Optionen deutet darauf hin, daß es sich um eine im natürlichen Verhaltensrepertoire des Menschen angelegte Komponente handelt.

---

[46] Wind, 35, Wilson, On Human Nature, 87, 88.

[47] Dies bedeutet nicht, daß der Prozeß der natürlichen Selektion nicht mehr funktioniert: es ist zu bedenken, daß die Evolution unvorhersehbar sprunghaft und nicht im Generationenrhythmus, sondern in Wechsel mehrerer Jahrtausende abläuft.

Ein bestimmtes Verhalten, das sowohl an irgendeinem Ort der westlichen Zivilisation, die seit Generationen durch gemeinsame Handlungscodices verbunden ist als auch bei Naturvölkern, wie den mittelamerikanischen Yanomami, die über Jahrhunderte nicht in Kontakt mit anderen Menschen kamen, auftritt, kann nur erblich, nicht aber kommunikativ tradiert worden sein und darf somit als biogenetisch verankerte Verhaltensweisen charakterisiert werden. Das entscheidende Indiz für eine aus der Natur des Menschen stammende und nicht aus der Kultur motivierte Verhaltensweise ist somit ihre Universalität.

Die universal anzutreffenden Verhaltensweisen lassen sich in feste und flexible Handlungsstrukturen unterteilen.
Zu den angeborenen, festen Mechanismen gehören bestimmte Formeln des Grußes, wie zum Beispiel der Augengruß, Formen des Verlegenheitsverhaltens oder die Zärtlichkeitsgeste des Kusses[48].
Flexible, im Menschen angelegte Handlungsmuster sind unter anderen universal erkennbare Dispositionen, die sich im sozialen Verhalten und seiner Ordnung herauskristallisieren. Sowohl die Verhaltensweisen als auch die Elemente der sozialen Ordnung lassen sich als universale Strukturen studieren. Aus ihnen können für die Art typische Regeln abgelesen werden[49].

2. Selektionseinheiten

Eine arttypische Verhaltensregel könnte die Differenzierung nach Gruppenzugehörigkeit sein. Wenn diese bei Tieren mit stark organisierter Struktur des Zusammenlebens festgestellte Disposition bei den Menschen Wirkung entfaltet, müßte sich ergeben, daß sich Verhaltensmuster, die dem Postulat des größten Nutzens für die in einem Genpool vereinigten Menschen entsprechen, durchgesetzt haben.

Das Phänomen der abgestuften Verwandtenunterstützung zeichnet sich dadurch aus, daß im Verhalten Mitglieder der eigenen Sippe und somit genetisch nahe Artgenossen bevorzugt werden. Fraglich ist, ob dies im Bereich der menschlichen Natur zutrifft.

---

[48] Der Augengruß ist das Heben der Augenbrauen mit Blickkontakt. Typische Form des Verlegenheitsverhaltens ist es, wenn eine Person sich das Lachen verbeißt oder die Partie um Mund und Kinn mit einer Hand bedeckt. Der Kuß hat sich aus dem zärtlich-fürsorgenden Mechanismus des gegenseitigen Fütterns entwickelt. Diese Handlungsmuster können in allen menschlichen Gesellschaftsformen nachgewiesen werden. Eibl, Menschenforschung, 260, 359-366.

[49] Wilson, On Human Nature, 19-22, Eibl, Menschenforschung, 261-264.

a. Menschliche Bezugsgruppen

Gruppenverhalten und ingroup/outgroup Kriterien sind in menschlichen Gesellschaften weit verbreitet. Menschen leben regelmäßig in Bezugsgruppen, die zwischen 8 und 12 Individuen umfassen. Weder der typische Mensch der Steinzeit noch der des Technologiezeitalters hatte bzw. hat entscheidend mehr oder wesentlich weniger Bezugspersonen, die er als Freunde oder nahe Vertraute bezeichnen würde. Selbst wenn diese Kleinverbände nicht mehr natürlich bestehen, so werden sie künstlich durch moderne Kommunikationsmittel geschaffen. Allerdings ist zu bemerken, daß genetische Nähe bzw. Verwandtschaft hier nicht immer Voraussetzung für Gruppenmitgliedschaft ist. Verbindend sind meist vielmehr gemeinsame Interessen[50].

Darüber hinaus gibt es das Paar- und Familienverhalten und das Verhalten in der Einheit aller bekannten Mitmenschen in der Lebensgruppe. Für beide Einheiten gelten eigene Nähebeziehungen. Diese sind in der Paar- und Familienverbindung sehr eng. Die einzelnen Mitglieder der Lebensgruppe sind dagegen zwar durch eine gemeinsame Identität verbunden, ihre Beziehungen untereinander stellen aber oft ein locker gespanntes Netz dar. Selbst die Anzahl der bekannten Menschen, zu denen mehr oder weniger konstante Lebensbeziehungen unterhalten werden, umfaßt aber selten mehr als 80-100 Personen. Dies entspricht im Durchschnitt sowohl der Zahl, die bei Naturvölkern regelmäßig eine Dorfgemeinschaft konstituiert, als auch der Zahl der Kontakte, die ein in einer Industriegesellschaft lebender Mensch ständig pflegt. Dies weist darauf hin, daß die Kapazitäten der Kontaktpflege auf diese Menge eingestellt sind[51].

Die Tendenz zum Gruppenverhalten mit Differenzierung nach Zugehörigkeit erschließt sich auch durch das Studium von Aggression und Altruismus beim Menschen.

b. Aggression und Altruismus beim Menschen

Im Feld der menschlichen Aggression haben Spielbeobachtungen bei Kindern, denen die Institute und Mechanismen der tradierten Sozialisation weitgehend unbekannt sind, gezeigt, daß Aggression tendenziell eher gegenüber fremden Kindern, die sich abweichend verhalten, als gegenüber bekannten Spielgenossen entsteht. Fremden Neuankömmlingen wird mit Mißtrauen begegnet, Verhalten in Konformität wirkt beschwichtigend: wer sich anders verhält, erfährt Aggression. Dieses Freund-Feind-Schema schlägt sich ähnlich in dem in der Psychologie bekannten Phänomen des „Fremdelns“ nieder: Kinder fürchten fremde Erwach-

---

[50] Todt, 252-256.

[51] Ike, 216-225, Müller, Gruppenverhalten, 96-99, Chagnon, 39-44, Eibl, Menschenforschung, 262-266.

sene, verstecken sich bei den Eltern und wollen nicht die Hand geben, während sie Onkel und Tanten bald begeistert begrüßen[52].

Von Ethnologen wurde durch Forschungen bei Naturvölkern bestätigt, daß in ihren Populationen regelmäßig starke Identifikation mit der eigenen Sippe oder Dorfgemeinschaft besteht und ebenso in Aggression gegen andere Gemeinschaften übersetzt wird.
Neu in eine Gruppe stoßende Menschen haben in menschlichen Gesellschaften oft durch komplizierte Initiationsriten zu gehen. Eine Anbahnung von Nähe erfolgt oft durch die Fiktion von Bekanntschaft und Verwandtschaft. Symptomatisch ist, daß bei Naturvölkern Fremde oft durch Benennung als Verwandte zu Freunden gemacht werden. Erst so werden sie zu Mitgliedern der Gruppe, Aggression weicht Beschwichtigung[53].

Die meisten der als altruistisch klassifizierten Akte lassen sich in menschlichen Gesellschaften innerhalb der eigenen Bezugsgruppe finden. Sippenmitgliedern gegenüber existiert höhere Bereitschaft, Gefahren einzugehen. Die in den meisten Gruppen wirkende Tötungshemmung ist gegenüber Menschen anderer Gruppen nicht so stark und wird im Konfliktfall oft gezielt aufgehoben. Die Funktionen der Erziehung verwaister Kinder werden auch regelmäßig von Verwandten übernommen[54].

Diese Untersuchungen zeigen, daß Gruppenzugehörigkeit und die Differenzierung nach ingroup/outgroup Kriterien menschliches Verhalten entscheidend beeinflussen. Auffallend ist aber, daß die Differenzierung beim Menschen nicht ausschließlich nach genetischer Nähe erfolgt. Aus den geschilderten Beobachtungen ergibt sich, daß nicht nur die Sippenangehörigen, also die tatsächlichen Verwandten mit gemeinsamem Genpool, sondern auch nichtverwandte Mitglieder der Bezugsgruppen bevorzugt werden.

3. Sippe und Gruppe: Sippenselektion, Gruppenselektion und reziproker Altruismus

Das Prinzip der abgestuften Verwandtenunterstützung kann für den Menschen nach dieser Erkenntnis nicht in vollem Umfang gelten. Diesem Umstand wird von den Populationsbiologen mit mehreren Erklärungsmodellen begegnet.

---

[52] Lorenz, Das Böse, 5. Kapitel, 85, 86, Markl, 81, Roes, Stichwort Fear of strangers.

[53] Die Yanomami rufen Gäste, die ihnen freundlich gesinnt erscheinen, bald „Shori" (Schwager), „Ai" (älterer Bruder) oder „Ami"(ältere Schwester). Eibl, Menschenforschung, 129.

[54] zum ganzen Zusammenhang Eibl, Der vorprogrammierte Mensch, 89-97, Eibl, Menschenforschung, 261-264, Wilson, On Human Nature, 109, 115-120, 163.

a. Sippenselektion

Das Prinzip der Sippenselektion erfaßt alle in einem Genpool vereinigten Lebewesen. Jedes Verhalten, das den Mitgliedern des Genpools gegenüber Nichtmitgliedern in ihren Reproduktionsmöglichkeiten nützt, fördert unabhängig von den Auswirkungen auf die persönliche Fitness die Gesamtfitness der beteiligten Lebewesen. Das Verhalten der abgestuften Verwandtenunterstützung kann sich deswegen, wie dargestellt, als erfolgreich evolutierte Strategie etablieren und durchsetzten.

In menschlichen Gesellschaften manifestiert sich sippenselektives Verhalten in der Tendenz, der Familie den Rang einer wichtigen sozialen Institution einzuräumen und ihren Zusammenhalt zu fördern. Ebenso lassen sich zum Beispiel nepotistisches Verhalten und die wichtige Rolle des Faktors Blutsverwandtschaft in vielen menschlichen Sozietäten aus der Sippenselektion erschließen[55].

b. Gruppenselektion

Das Prinzip der Gruppenselektion geht davon aus, daß Gruppen, deren Mitglieder nichtegoistisch, altruistisch handeln, einen Selektionsvorteil gegenüber Gruppen haben, in denen diese Tendenz nicht so ausgeprägt ist. Begünstigte Selektionseinheit ist die Gruppe. Gruppenselektion kann sich aus der Sippenselektion entwikkeln. Verhalten der abgestuften Verwandtenunterstützung, das nichtverwandten Gruppenmitgliedern zugute kommt, stärkt nicht nur die persönliche Fitness des begünstigten Lebewesens, sondern auch die Gesamtfitness der Gruppe, der das handelnde Lebewesen angehört. Aus diesem Zusammenhang kann sich eine evolutive Eigendynamik für gruppendienliches Verhalten entwickeln und somit von Gruppenselektion gesprochen werden.

Gruppenselektion kann menschliches Verhalten auf der Ebene sozialer Nähekreise erklären, die nicht genotypisch verbunden sind. Dies kann zum Beispiel von einer Freundesgruppe oder Vereinen bis zu großen Einheiten wie Stämmen oder Gemeinden reichen. Die Gruppenselektion kann von der als spezifisch menschlich erkannten Fähigkeit, die Einheit der Gruppe als solche zu erkennen und in ihrem Sinne zu handeln, unterstützt werden. Deswegen wird der Mechanismus überwiegend für menschliche Sozietäten angenommen, bei anderen Lebewesen aber sehr kritisch betrachtet[56].

---

[55] Hamilton, 1-52, Singer, Expanding Circle, 11-15, Gruter, Rechtsverhalten, 48-55, Chagnon, 54-72.

[56] Singer, Expanding Circle, 19-22, Eibl, Grundriß, 1987, 461.

c. reziproker Altruismus

Als vom Gruppenbezug entferntes Prinzip wirkt beim Menschen das Prinzip des reziproken Altruismus. Dies ist die oft als typisch menschlich bezeichnete Form des Altruismus[57], die sich verkürzt als die Formel: „Hilf du mir, so helf ich dir“ oder mit dem biblischn Satz Alles, was ihr also von anderen erwartet, das tut auch ihnen“[58] beschreiben läßt. Das Verhalten zugunsten einer anderen Person lohnt sich dann, wenn diese Person im umgekehrten Fall genauso handelte.

Evolutiv läßt sich das Phänomen dadurch erklären, daß der Einsatz des Handelnden für ihn insgesamt einen Fitnessgewinn bringt, den er statistisch dadurch erreicht, daß er in der umgekehrten Situation mindestens in gleichem Masse Nutzniesser sein könnte.
Diese Verhaltensform ist theoretisch gegenüber allen Menschen einsetzbar, wird aber in der Praxis vor allem innerhalb menschlicher Bezugsgruppen wirksam. Dies hängt sowohl damit zusammen, daß angesichts des Näheverhältnisses in der Gruppe die größte Zahl aller Kontakte ihre Mitglieder berührt, als auch damit, daß das für die Erwartung reziproken Verhaltens erforderliche Vertrauen im Klima der Gruppe am besten gedeiht[59].

Insgesamt ist festzuhalten, daß Differenzierung nach Gruppenzugehörigkeit als typisch menschliche Verhaltenstendenz erscheint[60] und evolutiv mit den Prinzipien der Sippenselektion, der Gruppenselektion und des reziproken Altruismus als sich ergänzenden oder alternativ wirkenden Mechanismen[61] erklärt werden kann[62]. Die Abgrenzung erfolgt dabei in größer werdenden Nähekreisen[63], die

---

[57] Das Phänomen des reziproken Altruismus erscheint als exklusiv menschliches Verhaltensmuster. Seine Existenz ist aber im Bereich hochentwickelter Säugetiere, wie bei Delphinen, nicht auszuschließen. Norris/Schilt, 163-173.

[58] NT, Mt 7, 12.

[59] Trivers, Reciprocal Altruism, 35-37, Singer, Expanding Circle, 16-18.

[60] Veranschaulicht wird dies in einem Aufsatz von Palmer, der die Informations- und Kommunikationsstrukturen von Hummerfischern untersucht hat. Palmer, 221-223.

[61] Für den Zweck dieser Arbeit kann die für Biologen wichtige Frage, ob und wie diese Mechanismen zusammenwirken, unbeantwortet bleiben. Entscheidend ist vielmehr, die Tendenz zur Differenzierung nach Gruppenzugehörigkeit als hominides Verhaltensmuster zu begreifen.

[62] Vogel, Vom Töten, 38-42, 52-56.

[63] Die Tendenz der Differenzierung nach Gruppenzugehörigkeit und die drei beschriebenen Selektionsmechanismen lassen sich auffallend in den Spiegelungen der Gesellschaft durch die modernen Medien beobachten. So stehen im Mittelpunkt der meisten Fernsehserien entweder Familien (z.B. Eine schrecklich nette Familie) oder Straßen- und Hausgemeinschaften (z.B. Lindenstraße), was als wichtiges Indiz für die zentrale Rolle dieser Einheiten hinweist. Oft steht die Auseinandersetzung mit nicht Dazugehörigen (z.B. Alf, Mr. Ed) im Zentrum der Handlungsstränge.
Die Wunschkonzertsendungen verschiedener Radiosender, die Grüße über den Äther erlauben, kristallisieren drei Arten von Grußformen, die sich in ihren Intentionen auffallend parallel zu

vom Nucleus der Beziehungen, vom Familienkern über die Bezugsgruppe, den Freundeskreis, den Stamm, den Club oder das Dorf bis zu größeren Einheiten der Lebensgruppen, den Städten und Ländern mit gemeinsamen Identitäten reichen[64]. Die Prinzipien der Gleichbehandlung erscheinen in Kontrast zu den skizzierten Selektionsmechanismen, denen die Tendenz zur Abgrenzung nach ingroup/outgroup Kriterien innewohnt, zu stehen.

Die Existenz dieses Verhaltenssystemes weist darauf hin, daß es keine natürliche Disposition des Menschen ist, alle Mitmenschen gleich zu behandeln, sondern daß der Mensch dazu neigt, seine Mitmenschen nach Nähegraden, Freund-Feind-Schablonen und den damit einhergehenden Kriterien einzuteilen und zu behandeln. Diese Aussagen betreffen nicht das Verhalten innerhalb eines bestimmten Nähekreises[65], sondern das inegalitäre Verhalten, das regelmäßig zwischen Nähekreisen auftritt[66]. Mitglieder werden anders behandelt als Nichtmitglieder. Dies heißt aber nicht, daß innerhalb der Nähekreise Egalität herrscht[67].

Die Tendenz zu ingroup/outgroup Verhalten widerspricht der Idee der Egalität aller Menschen und dem daraus abgeleiteten Postulat der Gleichbehandlung[68]. Fraglich ist, ob in diesem Zusammenhang von einer Gleich- bzw. Ungleichbehandlung im Sinne des Art. 3 I GG gesprochen werden kann. An sich kommt der Gleichheitssatz nur bei Handeln des Staates gegenüber den Bürgern zur Anwendung, eine Drittwirkung auf das Verhältnis der Bürger untereinander ist nur in eng definierten Grenzen zulässig. Allerdings wird der Gleichheitssatz als prägendes Strukturprinzip des Rechtsstaates verstanden. Es ist auch zu bedenken, daß der Staat ein gedankliches und organisatorisches Konstrukt darstellt und von Menschen geschaffen, gestaltet und repräsentiert wird. Deswegen ist zu anzunehmen, daß auch das Verhalten der staatlichen Gewalten den typisch menschlichen Tendenzen folgt und diese zum Beispiel im rechtlich-sozialen Handeln und der Gestaltung der Rechtsordnung durchscheinen. Als Strukturprinzip des Rechtsstaates entfaltet der Gleichheitssatz generelle Wirkung über das Verhältnis Staat-Bürger hinaus. Das Verhalten der Bürger untereinander und das Verhalten

---

den beschriebenen Selektionsmechanismen verhalten. Gegrüßt werden die Familie (Sippe), die Arbeits- oder Vereinskollegen (Gruppe) und „alle, die mich kennen und mögen“ sowie das Team des Radiosenders (reziprok altruistisch). Implizit bedeutet dies gleichzeitig eine Abgrenzung von allen, die nicht von diesen Einheiten umfaßt werden. Die Beobachtung dieser Spiegelungen mag zufällig erscheinen, kann aber als Indiz für die Wirkweise der beschriebenen Tendenzen und Mechanismen gewertet werden.

64 Barash, 316, Markl, 81.

65 Hier herrschen regelmäßig Hierarchien, die aber nicht Gegenstand dieser Arbeit sind.

66 Die Prinzipien der „égalité“ und der „fraternité“ erscheinen in dieser Sichtweise kaum gemeinsam zu verwirklichen. Selbst wenn zu dem Faktor Verwandtschaft und der Sippenselektion die Gruppenselektion und der reziproke Altruismus treten, so bleibt doch die tendenzielle Gemeinsamkeit der Abgrenzung erhalten.

67 Eibl, Der vorprogrammierte Mensch, 100-103.

68 Vogel, Vom Töten, 52-58.

des Staates unterscheiden sich aus diesem Blickwinkel nur in ihrer gesellschaftlichen Verankerung. Die ermittelten Verhaltenstendenzen können insofern als relevantes Verhalten im Sinne des Art. 3 I GG gewertet werden.

III. Spiegelungen der Tendenzen zur (Un-)Gleichbehandlung in rechtlich-sozialem Verhalten und Rechtsordnung

An dieser Stelle offenbart sich das entscheidende Spannungsfeld, mit dem sich diese Arbeit auseinandersetzt. Einerseits hat die Abhandlung zum Themenkomplex der Evolutionsbiologie als Erkenntnis vermittelt, daß es bestimmte Verhaltensweisen im Bereich der entwickelten sozialen Lebewesen gibt, die sich via natürliche Selektion als erfolgreich durchgesetzt und als arttypische Neigungen erwiesen haben. Jede dieser Dispositionen hat Auswirkungen auf das Verhalten und damit auch auf das Rechtsverhalten und die Rechtsordnung.
Eine dieser Verhaltenstendenzen ist die Differenzierung nach Gruppenzugehörigkeit mit Aufwertung nach innen und Abwertung nach außen. Es hat sich ergeben, daß dieses differenzierende Handlungsmuster in der Art „Homo sapiens sapiens" angelegt ist. Damit ergibt sich kein einheitlich egalitäres System, sondern eine deutliche Neigung, nicht alle Menschen gleich zu behandeln.

Diesen Beobachtungen widerspricht andererseits, daß sich der Gleichheitssatz, wie in Art. 3 I GG formuliert, nicht nur in der Verfassung der Bundesrepublik Deutschland, sondern in den meisten demokratisch organisierten Staaten als konstitutives Staatsprinzip etabliert hat. Die Tatsache, daß es sich um ein Prinzip handelt, das einheitlich Anerkennung genießt und von einer starken Welle des Konsenses getragen wird, impliziert, daß mit dieser Norm eine wesentliche und tragende Voraussetzung modernen staatlichen Zusammenlebens formuliert ist.
Entscheidende Aussage des Gleichheitssatzes ist es nun gerade, daß alle Menschen vor dem Gesetz gleich sind. Typische integrative Merkmale der Zugehörigkeit zu einer bestimmten Gruppe wie Abstammung, Rasse, Sprache, Heimat und Herkunft sind als Differenzierungskriterien ausdrücklich ausgeschlossen.

Die stammesgeschichtlich entwickelten Handlungsneigungen des Menschen stehen in dieser Konstellation in auffallendem Widerspruch zu dem Postulat eines egalitären Staates. Im Kontext dieser Herausforderung wird gleichzeitig der Einfluß der biogenetischen Dispositionen auf das Rechtssystem ganz generell überprüft.

Um dieses Spannungsfeld zu erhellen, wird mittels einer betrachtenden Analyse der Realitäten in der staatlichen Gemeinschaft untersucht, ob das Strukturprinzip des Gleichheitssatzes es vermag, sich über die stammesgeschichtlichen Vorgaben natürlicher Differenzierung hinwegzusetzen.
Existenz und Akzeptanz dieser hochrangigen Norm könnten den biogenetischen Tendenzen entgegengewirkt haben. Ebenso könnte aber der Umkehrschluß

zutreffen, daß der Gleichheitssatz sich als staatstragendes, abstraktes Prinzip zwar bewährt hat, sich in seinen Konkretisierungen aber gegenläufige Konstellationen manifestieren. Deswegen ist in diesem Zusammenhang auch zu überprüfen, ob trotz der konsensfähigen Generalklausel des Art. 3 I GG nicht vielmehr die biogenetische Disposition zur Ungleichbehandlung weitreichende Spuren hinterläßt und die beabsichtigte Integrationswirkung des Satzes untergräbt[69].

Entscheidend ist, ob der in Art. 3 I GG formulierte egalitäre Anspruch sich als in der Gesellschaft, dem rechtlich-sozialen Verhalten und der Rechtsordnung konsequent verwirklicht erweist oder inwieweit Differenzierungen nach dem Kriterium der Gruppenzugehörigkeit das rechtlich-soziale Verhalten prägen und als Regeln in die Rechtsordnung eingegangen sind.

Die in unserer gesellschaftlichen Ordnung herrschenden rechtlichen Realitäten werden in der Folge auf diese Vorgaben hin überprüft. Orientiert an den Nähekreisen wird dabei in zwei Stufen vorgegangen, die den soziobiologischen Maßstäben entsprechen. Entsprechend einer in Wellen von innen nach außen tretenden Kreisbewegung können die Kernfamilie, Großfamilie oder Sippe, Dorfgemeinschaft oder Kommune und Staat als sich zahlenmäßig steigernde Identitätsgruppen unterschieden werden. Die einen Nähekreise verbindet genetische Verwandtschaft, die anderen dagegen nicht. Deswegen erfolgt eine getrennte Behandlung.

1. Differenzierung nach Gruppenzugehörigkeit im rechtlich-sozialen Verhalten und in der Rechtsordnung bei Verwandten am Beispiel von Familien- und Erbrecht sowie Normen des Prozeßrechts

Falls die biogenetischen Dispositionen unser rechtlich-soziales Verhalten mitverantwortlich lenken und unsere Rechtsordnung in ihrer Struktur beeinflußt haben, so müßten sich ihre reproduktiven Optimierungsstrategien darin widerspiegeln. Dies wäre der Fall, soweit sich erweist, daß Normen des Rechts parallel zu biogenetischen Vorgaben verlaufen und sich keine einleuchtenden gesellschaftlich verankerten Gründe dafür finden lassen.
Im hier untersuchten Fall müßte sich ergeben, daß Differenzierungen nach dem Kriterium des genetischen Nähefaktors Verwandtschaft in gesetzlichen Normen rechtliche Relevanz entfalten.

Im rechtlich-sozialen Verhalten wird die Begünstigung von Verwandten als Nepotismus beschrieben und ist eine häufig zu beobachtende Tendenz. In der Rechtsordnung sind dementsprechende Regelungen insbesondere im Familien- und Erbrecht bekannt.

---

[69] Wilson, On Human Nature, 157.

a. Sorge- und Unterhaltsregeln

In § 1601 BGB wird eine allgemeine Sorge- und Unterhaltspflicht für alle in gerader Linie verwandten Personen bestimmt. Was Verwandtschaft in diesem Fall konstituiert, wird in § 1589 BGB beschrieben. Demnach sind Personen, deren eine von der anderen abstammt, miteinander in gerader Linie verwandt. Die typische Linie umfaßt Großeltern, Eltern, Kinder, Enkel. Dagegen sind Personen, die nicht voneinander, aber von einer gleichen Person abstammen, in der Seitenlinie verwandt, wie zum Beispiel Geschwister, Neffen und Nichten.

Die Abstufung des Verwandtschaftsbegriffes im BGB entspricht den ermittelten biogenetischen Reproduktionsstrategien. Diese sind darauf ausgerichtet, das eigene genetische Set optimal einzusetzen. Eine solche Vorgabe läßt sich im Wege der Reproduktion in der geraden Linie der Verwandtschaft am besten verwirklichen.
Wenn dieser Weg der direkten Genweitergabe nicht zur Verfügung steht, kann eine Maximierung des eigenen genetischen Sets auch indirekt über die Geschwister und den mit ihnen geteilten Genpool erfolgen. Voraussetzung für einen insoweit erfolgreichen Einsatz ist aber, daß sich angesichts des geringeren genetischen Verwandtschaftsgrades eine höhere Anzahl von entfernten Verwandten entwickelt. Der Umweg lohnt sich nur, wenn der Genpool sich mit einer entsprechenden Zahl an Kindern von Bruder oder Schwester fortsetzt.
Reproduktionsstrategisch ist die Gruppe in gerader Linie Verwandter der in der Seitenlinie Verwandter gegenüber vorzuziehen. Diesem Umstand wird mit der Privilegierung in gerader Linie Verwandter in §§ 1601, 1589 BGB Rechnung getragen.

b. Die gesetzliche Erbfolge nach Ordnungen

Die §§ 1924 I, 1925 I, 1926 I, 1828 I BGB regeln in Zusammenwirken mit § 1930 BGB die gesetzliche Erbfolge. Die Verwandten des Erblassers werden dabei in vier Ordnungen eingeteilt. Die erste Ordnung besteht nach § 1924 I BGB aus den Abkömmlingen des Erblassers und umfaßt somit Kinder, Enkel und Urenkel. Gemäß § 1925 I BGB gehören die Eltern und deren Abkömmlinge, also Geschwister, Neffen und Nichten des Erblassers, zur zweiten Ordnung. Die dritte Ordnung umfaßt nach § 1926 I BGB die Großeltern und deren Abkömmlinge, die Onkel, Tanten, Cousins und Cousinen des Erblassers sind. Konsequenterweise setzt sich gemäß § 1928 I BGB die selten relevante vierte Ordnung aus den Urgroßeltern und deren Abkömmlingen zusammen.

Nach § 1930 BGB stehen die Ordnungen in einem Rangfolgeverhältnis zueinander. Die niedrigere Ordnung hat gegenüber der höheren den Vorrang. Nur wenn kein Verwandter aus der ersten Ordnung zur Verfügung steht, werden die Verwandten der zweiten Ordnung zur Erbfolge berufen usw..

Auffallend ist an dieser Regelung, daß erstens nur Verwandte des Erblassers und zweitens selbst diese nach einem genau definierten Abstufungsschema eingeteilt werden.
Die Tatsache, daß nur Verwandte berücksichtigt werden, entspricht der vertrauten Strategie, den eigenen Genpool zu stärken. Nach der persönlichen Fortpflanzungsbilanz eines Lebewesens ist es vor allem erstrebenswert, die eigenen Nachkommen zu fördern. Falls dies nicht möglich ist, kann der Phänotyp den Genotyp doch immer noch über den Umweg, die Nachkommen der Verwandten zu unterstützen, stärken. Dabei ist es im Lichte der genetischen Nähe erstrebenswert, zunächst die nahen und dann erst die entfernten Verwandten zu berücksichtigen.
Die vier Ordnungen der gesetzlichen Erbfolge entsprechen demnach den biogenetischen Vorgaben, nach Nähe der Verwandtschaft zu differenzieren.

c. Verteilung der Erbteile innerhalb der Ordnungen

Die §§ 1924 II, III, IV, 1925 II, III, 1926 II, III, 1928 II, III BGB bestimmen, wie die vorhandenen Erbteile innerhalb der einzelnen Ordnungen im Rahmen der gesetzlichen Erbfolge verteilt werden[70].
Innerhalb der ersten Ordnung erfolgt eine paritätische Verteilung nach Stämmen. Jedes Kind bildet einen Stamm. Innerhalb des Stammes erbt immer der mit dem Erblasser am nächsten Verwandte. Fällt er aus, so treten die nächsten im Stamm an seine Stelle. Diese Regelungen ergeben sich aus § 1924 II, III, IV BGB.
Innerhalb der zweiten und dritten Ordnung wird gemäß §§ 1925 II, III, 1926 II, III nach der nach oben führenden Linie und innerhalb dieser wiederum nach Stämmen nach unten verteilt[71]. Ab der vierten Ordnung kommt es nach § 1928 II, III auf die Gradnähe an.

Das so normierte Schema der Verteilung der Erbteile innerhalb der Ordnungen zeigt deutliche Parallelen zu dem biologisch verankerten System der Differenzierung nach Nähe der Verwandtschaft.
Nachdem jeder Mensch jedem seiner Abkömmlinge gleiche Anteile seines Genotyps vererbt, ist es, gemessen an der biogenetischen Nutzenrechnung, nur konsequent, jedem Nachkommen und dem von ihm gebildeten Stamm gleiche Anteile des Erbes zu widmen. Die Fortentwicklung des Genotyps wird so durch die Regelungen zur Erbfolge nach Stämmen in der ersten Ordnung unterstützt.
Der in der zweiten und den weiteren Ordnungen geltende Verteilungsmodus berücksichtigt immer die nächsten Verwandten. Diese stehen genotypisch dem Erblasser relativ am nächsten. Insgesamt erfolgt auch innerhalb der Ordnungen also eine konsequente Verteilung der Güter nach genetischer Nähe. Die Tendenz

---

[70] Das gesetzliche Erbrecht des Ehegatten nach § 1931 BGB wird im Moment außer Acht gelassen.
[71] In einem Stammbaum führen Linien (z.B. zum Elternteil) nach oben, Stämme dagegen nach unten (z.B. zu den Kindern).

zur Differenzierung nach Nähe in dieser Form spiegelt sich auch hier in der Rechtsordnung wider.
Natürliche Vererbung und gesetzliche Erbfolge funktionieren somit in nicht nur vergleichbaren, sondern weitgehend gleichen Strukturen und Regeln.

d. Steuerklassen und -sätze in der Erbschaftssteuer

Ähnliche Abstufungen finden sich in den Regelungen des Erbschaftsteuergesetzes. So teilen die §§ 15, 19 ErbStG die durch den Erbfall begünstigten Erwerber in vier Steuerklassen ein, an die wiederum der anzulegende Steuersatz anknüpft.

Zur Steuerklasse I gehören nach § 15 ErbStG der Ehegatte, die Kinder und Stiefkinder sowie die Kinder verstorbener Kinder und Stiefkinder, während die Steuerklasse II die Abkömmlinge der noch lebenden Kinder und Stiefkinder sowie die Eltern und Voreltern umfaßt. Die Steuerklasse III vereinigt die Geschwister, deren Abkömmlinge ersten Grades, Stiefeltern, Schwiegerkinder, Schwiegereltern und den geschiedenen Ehegatten. Zu Steuerklasse IV gehören alle übrigen Erwerber. Nach dem Wortlaut der Regelung ist das persönliche Verhältnis des Erwerbers zum Erblasser ausschlaggebend für die Unterscheidung.

Nach § 19 ErbStG bestimmen sich die Steuersätze nach der jeweiligen Steuerklasse des Erwerbers. Mit der Höhe des vererbten Betrages steigt der zu versteuernde Vomhundertsatz von mindestens 3 % bis zu höchstens 70 %. Differenziert wird dabei deutlich nach der Zugehörigkeit zu einer bestimmten Steuerklasse. Die Steuersätze betragen zwischen 3 und 35 % in der Steuerklasse I, zwischen 6 und 50 % in Steuerklasse II, zwischen 11 und 65 % in Steuerklasse III und zwischen 20 und 70 % in Steuerklasse IV. Bei einem zu vererbenden Betrag von einer Million Mark ergibt sich für einen Erwerber der Steuerklasse I beispielsweise, daß er 100.000 Mark Erbschaftsteuer zu zahlen hat, während ein Erwerber der Steuerklasse IV mit einem Betrag von 480.000 Mark zur Kasse gebeten wird. Dies bedeutet einen mit der Differenzierung nach Nähe des persönlichen Verhältnisses gerechtfertigten Belastungsunterschied von 38 % oder 380.000 Mark.

Das Erbschaftsteuerrecht knüpft, ähnlich wie das gesetzliche Erbfolgerecht, an die Nähe des Verhältnisses von Erwerber und Erblasser an. Der Aspekt der Blutsverwandtschaft spielt dabei eine entscheidende Rolle, daneben tritt allerdings der Faktor des an die Einheit Familie gebundenen persönlichen Verhältnisses. Es werden nicht nur die eigenen Abkömmlinge, sondern auch Stiefkinder und -eltern sowie Schwiegerkinder und -eltern miteinbezogen. Der ausschlaggebende Anknüpfungspunkt ist die Zugehörigkeit zur Institution Familie. Abgestuft wird nach Nähe zum Kern dieses Verbandes. Die Einteilung der Steuersätze entspricht diesem Gedanken, nachdem der jeweils zu zahlende Vomhundertsatz mit der Entfernung zum Kern der Familie steigt. Der in diesen Verband nicht integrierte Begünstigte hat dementsprechend mit der höchsten Belastung zu rechnen.

Diese Strukturen weisen auf ein typisches ingroup/outgroup Verhalten hin, das hier aber auf der in der Familie gewachsenen, persönlichen Nähebeziehung zum Erblasser und nur zum Teil auf dem Faktor Verwandtschaft beruht.

e. Zeugnisverweigerungsrechte

In den Prozeßordnungen des bürgerlichen Rechts und des Strafrechts ist normiert, daß es bestimmten verwandten Personen erlaubt ist, das Zeugnis zu verweigern. So regeln § 383 I Nr.3 ZPO und § 52 I Nr.3 StPO, daß alle Personen, die mit der Partei bzw. dem Beschuldigten in gerader Linie verwandt oder verschwägert, in der Seitenlinie bis zum dritten Grad verwandt oder bis zum zweiten Grad verschwägert sind, berechtigt sind, das Zeugnis zu verweigern. Dahinter steht der Gedanke, daß es den Betroffenen angesichts des Näheverhältnisses zu der Partei bzw. dem Beschuldigten nicht zuzumuten ist, auszusagen und Zeugnis abzulegen.

Entscheidend für die Differenzierung, ob ein Zeugnisverweigerungsrecht anzunehmen ist oder nicht, ist auch hier die in der Familie gewachsene, enge Nähebeziehung. Dabei wird noch einmal abgestuft durch die graduelle Unterscheidung zwischen den eigenen Blutsverwandten und den erst durch Heirat in den Familienverband aufgenommenen Mitgliedern und ihren Blutsverwandten.

In allen beschriebenen Fällen ist Anknüpfungspunkt für die erfolgte Differenzierung die Familienmitgliedschaft oder Verwandtschaft der Beteiligten. Meistens spielt dabei der jeweilige genetische Nähegrad eine entscheidende Rolle. Die untersuchten Normen der Rechtsordnung verhalten sich damit so, wie es aus evolutionsbiologischer Perspektive zu erwarten wäre. Die gesetzlichen Regelungen verlaufen parallel zu den biogenetischen Vorgaben.

Auffallend ist, daß im Schrifttum Versuche, die Privilegien, die die Rechtsordnung im Verwandtenverhältnis gewährt, zu rechtfertigen, oft für juristische Maßstäbe verblüffend schwammig ausfallen.
So wird das Erbrecht der Verwandten zum Beispiel als „so fest in sozialen Gegebenheiten (...) verwurzelt“ charakterisiert, „daß es als selbstverständlich erscheinen mag“[72]. Eine tatsächliche Begründung im Sinne der Angabe einer Ursache wird offensichtlich nicht gegeben. Es wird auf „persönliche Beziehungen, die wirtschaftliche Verflechtung und die gegenseitige Versorgung“[73] hingewiesen. Warum sich diese Phänomene in der Sozialstruktur entwickelt haben, wird aller-

[72] Leipold, Rdnr. 62.
[73] Leipold, Rdnr. 63.

dings offen gelassen. Ebenso bleibt ungeklärt, ob sie sich vor, nach oder parallel mit den Privilegien gebildet haben.

Dies allein heißt noch nicht, daß die festgestellten Verhaltensdispositionen zum Nepotismus für die entsprechende Gestaltung der Rechtsordnung verantwortlich sind. Vielmehr wird jeweils entscheidend sein, inwieweit sich ein einleuchtender gesellschaftlich gewachsener Grund für die gesetzliche Differenzierung nach Familienzugehörigkeit finden läßt.

Die auffallende Parallelität biogenetischer Handlungsmuster und rechtlicher Realität legt aber ein gedankliches Modell nahe, das einen Zusammenhang erlaubt. Demnach ist es möglich, daß die Verhaltenstendenzen zur Differenzierung nach Verwandtschaft sich in den dargestellten Ausgestaltungen der Rechtsordnung nicht nur widerspiegeln, sondern - bewußt oder unbewußt - mitausschlaggebend für die erfolgte Gestaltung waren, wenn nicht die weitere Überprüfung der menschlichen Evolution etwas anderes ergibt.

2. Differenzierung nach Gruppenzugehörigkeit im rechtlich-sozialen Verhalten und in der Rechtsordnung bei Nichtverwandten am Beispiel von Staats- und Verwaltungsrecht sowie Normen des Prozeßrechts

Zugehörigkeit zu menschlichen Gruppen basiert regelmäßig auf fiktiven oder tatsächlichen Gemeinsamkeiten, die eine Identität der Gruppe schaffen. Da beim Menschen nicht nur der Mechanismus der Sippenselektion, sondern ergänzend die nicht auf den Faktor Verwandtschaft bauenden Mechanismen der Gruppenselektion und des reziproken Altruismus ihre Wirkung entfalten, ist es nur logisch und folgerichtig, daß Gruppenidentitäten neben den besprochenen Faktor Verwandtschaft treten.

Falls die Annahme, daß die biogenetischen Programmierungen des Menschen sich in der Rechtsordnung widerspiegeln, stimmt, müßte sich in diesem Abschnitt erweisen, daß Differenzierungen nach dem Kriterium der Zugehörigkeit zu einer auf Gemeinsamkeiten beruhenden Gruppe in Rechtsnormen auftreten.

Im rechtlich-sozialen Verhalten sind Tendenzen der Gruppendifferenzierung auf allen gesellschaftlichen Ebenen bekannt. Dies reicht von den in sich abgeschlossenen Zirkeln verschiedener Vereine bis zu den Szenarien nationalistischer, fremdenfeindlicher Anschläge und Übergriffe. Auch in gerichtlichen Entscheidungen kann Gruppendenken eine Rolle spielen[74]. In der Rechtsordnung kommen Diffe-

---

[74] In Betracht gezogen wird dies zum Beispiel in der Entscheidung der Jury im amerikanischen „Jahrhundertprozeß", der sich mit dem Mordverdacht gegen einen farbigen Footballstar beschäftigte und mit einem Freispruch ausging. Vgl. Will, International Herald Tribune, 5.10.1995, 8

renzierungen dieser Art im Grundgesetz selbst, aber auch im Kommunalrecht, anderen Rechtsgebieten sowie staatenübergreifenden Regelungen vor.

a. Nutzungsrechte in der bayerischen Gemeindeordnung

Nach Art. 21 I 1 BayGO sind alle Gemeindeangehörigen berechtigt, die öffentlichen Einrichtungen der Gemeinde zu benutzen. Öffentliche Einrichtung ist in diesem Zusammenhang jede Institution, die durch Widmungsakt der Gemeinde öffentlich zugänglich gemacht, von der Gemeinde tatsächlich beherrscht und im öffentlichen Interesse unterhalten wird. Dazu gehören zum Beispiel Mehrzweckhallen, Museen, Bäder und Volksfeste [75].

Aus dieser Norm läßt sich ein Anspruch auf Zulassung zu einer öffentlichen Einrichtung der Gemeinde für jeden Gemeindeangehörigen ableiten. Dieser Anspruch ist auch gerichtlich durchsetzbar. Nichtgemeindeangehörige haben dagegen keinen in dieser Norm gründenden Rechtsanspruch. Ihnen steht auch kein einklagbares Recht zu[76].

Mit dem Art. 21 I 1 GO hat somit eine Differenzierung nach der Herkunft Eingang in die Rechtsordnung gefunden. Wer zur Gruppe der Gemeindeangehörigen gehört, hat das Recht auf Zugang und kann dies gerichtlich durchsetzen. Wer Nichtgemeindeangehöriger ist, kann ausgeschlossen werden und ist vor Gericht darauf beschränkt, prüfen zu lassen, ob ein Ermessensfehler vorliegt.

Diese Differenzierung kann sich so in weiten Bereichen als Mittel zur Privilegierung nach Ortsansässigkeit und Nähe entwickeln.
So ist bei der Auswahl von Bewerbern für ein Volksfest beispielsweise das Prinzip „bekannt und bewährt“ durchgehend anerkannt. In § 70 I 1 GewO wird zwar festgeschrieben, daß „jedermann“ zur Teilnahme an Messen, Ausstellungen und Jahrmärkten berechtigt sei und nicht „ohne sachlich gerechtfertigten Grund (...) unterschiedlich behandelt werden“ dürfe, im Rahmen der Ausgestaltungsbefugnis der Gemeinde wird eine Bevorzugung ortsansässiger Bewerber im Sinne des Art. 21 I 1 GO aber als sachlich gerechtfertigt empfunden. Sowohl die Ortsbezogenheit als auch der steuerliche Wohnsitz eines Bewerbers dürfen zu seinen Gunsten gewertet werden[77]. Dies erlaubt im Umkehrschluß, nichtortsansässige Schausteller auszuschließen.

Die auf Art. 21 I 1 GO beruhende Differenzierung nach Ortszugehörigkeit wird weitgehend unkommentiert stehen gelassen. So wird in einem Aufsatz beispielsweise festgestellt, daß es oft „aus überörtlicher Sicht an einem hinreichend sachlichen Differenzierungsgrund fehlen“ mag. Im gleichen Zusammenhang wird dann

---

[75] Masson/Samper, Art. 21 GO, Rdnr. 1, Prandl/Zimmermann, Art. 21 GO, Rdnr. 4.
[76] Prandl/Zimmermann, Art. 21 GO, Rdnr. 1-3, Masson/Samper, Art. 21 GO, Rdnr. 1-3.
[77] Prandl/Zimmermann, Art. 21 GO, Rdnr. 5 m.w.Nw.

aber darauf verwiesen, daß doch „naturgemäß die Ortsansässigkeit" ausschlaggebend sei[78]. Wieso die Ortsansässigkeit „naturgemäß" entscheidet und weshalb sie einen sachlichen Differenzierungsgrund ersetzen kann, wird nicht weiter erläutert. In der Realität bedeutet die Differenzierung so oft eine Diskriminierung wegen der Herkunft der Betroffenen.

Diese Normierung entspricht den biogenetischen Tendenzen der Differenzierung nach Gruppenzugehörigkeit. Die Gruppe ist in diesem Fall die Gemeinde oder Kommune. Aus der Gemeinsamkeit der Ortsansässigkeit ergibt sich eine Identität als Gruppe. Mit der Regelung des Art. 21 I 1 GO realisieren sich die biogenetischen Vorgaben des ingroup/outgroup Verhaltens. Die ambivalenten menschlichen Tendenzen der Privilegierung von Gruppenmitgliedern und der Ausgrenzung von Nichtmitgliedern auf kommunaler Ebene wird mit dieser Norm in der Rechtsordnung gerechtfertigt.

b. Die Menschenrechte und die Bürgerrechte im Grundgesetz

Die meisten der im Grundrechtskatalog der Art. 1 bis 20 GG formulierten Rechte sind als Menschenrechte formuliert und gelten in gleichem Maße für alle Menschen[79]. Dagegen werden die in den Art. 8, 9, 11, 12 GG garantierten Grundrechte dem Wortlaut nach nur allen Deutschen gewährt. Deswegen werden sie auch als Bürgerrechte bezeichnet.

Dies sind die Grundrechte der Versammlungsfreiheit, der Vereinigungsfreiheit, der Freizügigkeit und der Berufsfreiheit. Art. 8 I GG bestimmt das Recht aller Deutschen, sich friedlich und ohne Waffen zu versammeln, während Art. 9 I GG festschreibt, daß allen Deutschen das Recht eingeräumt wird, Vereine und Gesellschaften zu bilden. In Art. 11 GG wird Freizügigkeit im ganzen Bundesgebiet für alle Deutschen garantiert, und Art. 12 I GG enthält das Recht, Beruf, Arbeitsplatz und Ausbildungsstätte frei zu wählen.
Im Umkehrschluß ist zu formulieren, daß alle Menschen, die nicht Deutsche sind, diese Rechte nicht oder nicht in vollem Umfang genießen.

Dies erscheint umso überraschender, nachdem unter der Überschrift Grundrechte in Art. 1 I, II GG klar formuliert wird, daß das deutsche Volk sich zur unantastbaren Würde des Menschen und zu unverletzlichen und unveräußerlichen Menschenrechten als Grundlage jeder menschlichen Gemeinschaft, des Friedens und der Gerechtigkeit in der Welt bekennt. Es gibt deswegen auch Bestrebungen, im Lichte der Art. 1 I , II, 3 I GG gleichen Grundrechtsschutz für Inländer und Ausländer im Bereich der Bürgerrechte zu konstruieren[80].

---

[78] Schmidt, DÖV 1963, 217, 218.

[79] Menschenrechte sind die Art. 1, 2, 3, 4, 5, 13, 14 GG. Im Wortlaut erscheint „jeder" oder „alle Menschen", die garantierten Rechte sind „unverletzlich".

[80] Sachs, BayVBl. 1990, 385, Ruppel, 43 ff.

Um gleichen Schutz für Bürger und Nichtbürger zu realisieren, wird auch gerne Art. 2 I GG herangezogen, der als generelle Schutznorm und Auffanggrundrecht alle Menschen umfassen soll. Ob und inwieweit diese Interpretation verfassungsgemäß ist, ist umstritten[81]. Selbst wenn dies mit dem Bundesverfassungsgericht angenommen wird, bleibt die so garantierte Freiheit auf den Rahmen des Art. 2 I GG limitiert.

Selbst diese weiten Auslegungen können keine Menschenrechte aus den Bürgerrechten machen. So ist es unerheblich, ob der Schutz eines Menschenrechtes über Art. 1 I, II, 3 I GG für ein Bürgerrecht konstruiert werden kann oder ob das Auffanggrundrecht des Art. 2 I GG herangezogen wird. Sowohl im Ausländergesetz und in der Durchführungsverordnung zum AuslG als auch im Asylverfahrensgesetz und im Vereinigungsgesetz werden die Rechte auf Freizügigkeit und auf freie Berufswahl sowie die Versammlungs- und Vereinigungsfreiheit begrenzt[82]. Im Lichte dieser Regelungen, die die Freiheiten der Ausländer gegenüber den Rechten der Inländer wesentlich beschränken, wird klar, daß der gesetzliche Schutz Nichtdeutscher in den dargestellten Bereichen hinter dem Schutz deutscher Staatsbürger weit zurückbleibt.

Auch hier zeigt sich, daß sich eine Differenzierung nach dem Kriterium der Zugehörigkeit zu einer Gruppe etabliert hat. Anknüpfungspunkt ist die Mitgliedschaft in dem Konstrukt Staat, das die Identität Deutscher oder Inländer schafft. Dieser Gruppe wird die Gruppe der Ausländer gegenübergestellt. Als Menschen, die im Staat leben, aber nicht Staatsangehörige sind, genießen sie nicht den vollen Grundrechtsschutz und können sich nicht in vollem Masse auf die Bürgerrechte berufen. Das Phänomen eines Systemes, das Gemeinsamkeiten in der Gruppe als Anlaß zur Ausgrenzung nicht integrierter Menschen benützt, spielt sich hier auf staatlicher Ebene ab. Wiederum spiegelt sich die angelegte Ambivalenz in der Rechtsordnung.

In ähnlicher Art und Weise sind auch auf der Ebene des europäischen Rechts Differenzierungen nach dem Kriterium der Mitgliedschaft in einer bestimmten Gruppe zu erkennen[83] [84].

---

[81] Für eine Anwendbarkeit spricht sich das BVerfG aus, dagegen zum Beispiel Schwabe. BVerfGE 35, 382/399, BVerfGE 78, 179/196, Schwabe, Anm., NJW 1974, 1044 m.w.Nw.

[82] Dies wird insbesondere in den §§ 6, 10, 12, 13, 14, 15, 28, 30, 37, 38 AuslG, §§ 11, 12 DV AuslG und §§ 56-65 AsylVfG sowie in §§ 14, 15 VereinsG deutlich.

[83] In Art. 1 des EG Vertrages, der nach Art. G des EU Vertrages an die Stelle des EWG Vertrages getreten ist, wird die europäische Gemeinschaft konstituiert. Die Tätigkeiten der Gemeinschaft werden in Art. 3 des EG Vertrages näher umrissen. Dabei kristallisieren sich zwei Perspektiven heraus. Erstens geht es darum, einen auf dem Prinzip der Egalität beruhenden Binnenmarkt zu verwirklichen. Zweitens wird versucht, gemeinsame Handlungsnormen zu entwickeln, um die Beziehungen zu nicht in der Gemeinschaft erfaßten Ländern zu regeln. Die einzelnen im EG Vertrag bestimmten Freiheiten sind alle an die in Art. 8 des EG Vertrages konstruierte Voraussetzung der Unionsbürgerschaft geknüpft.

c. Zeugnisverweigerungsrechte

Die Normen der ZPO und der StPO gehören zwar nicht in eine Reihe mit den dargestellten Regelungen des öffentlichen Rechts, aber sie enthalten neben den schon besprochenen, auf Verwandtschaft beruhenden Zeugnisverweigerungsrechten weitere Rechte mit der gleichen Wirkung, die auf enge, nichtverwandtschaftliche Nähebeziehungen zurückzuführen und deshalb hier zu erwähnen sind.

So bestimmt § 353 I Nr.1, 2, 4-6 ZPO, daß einer Partei nahestehende Personen wie der Lebenspartner und andere Personen, denen kraft Amtes, Standes oder Gewerbes geheimzuhaltende Tatsachen anvertraut sind, sowie unter bestimmten Voraussetzungen Journalisten und Verleger zur Verweigerung des Zeugnisses berechtigt sind.
Parallel dazu wird nach § 52 I Nr. 1, 2 StPO dem Lebenspartner des Beschuldigten sowie gemäß § 53 I Nr. 1-5 StPO ihm nahe stehenden Personen wie geistlichen Seelsorgern, Verteidigern und Beratern sowie Ärzten, Parlamentsmitgliedern und unter bestimmten Voraussetzungen Journalisten und Verlegern das Recht eingeräumt, das Zeugnis über das, was ihnen in ihrer beruflichen Eigenschaft anvertraut oder bekanntgeworden ist, zu verweigern. Das Gleiche gilt nach § 53 a StPO für deren Berufshelfer.

Im Zusammenhang dieser Normen sind die Nähe der persönlichen Beziehung und die sich daraus ergebende Vertrautheit ausschlaggebend für die Gewährung des Zeugnisverweigerungsrechtes. Diese Vertrautheit ist Anknüpfungspunkt für die Differenzierung, ob es den Betroffenen angesichts des Verhältnisses zu der Partei bzw. dem Beschuldigten zuzumuten ist, auszusagen und Zeugnis abzulegen.
Auch in diesem Fall ist wieder die Zugehörigkeit zu einer bestimmten Gruppe entscheidend für eine daran geknüpfte Privilegierung, die nicht dazugehörigen Personen nicht gewährt wird. Die biogenetischen Vorgaben realisieren sich demnach auch hier in der Rechtsordnung.

Zusammenfassend kann in diesem Abschnitt festgehalten werden, daß die ermittelten Tendenzen zu einem Verhalten nach ingroup/outgroup Kriterien in weiten

---

Die Normen des EG Vertrages entsprechen den ermittelten biogenetischen Dispositionen, indem sie sich an der Vorgabe orientieren, einen europäischen Binnenmarkt zu realisieren, der den nicht daran Beteiligten nur begrenzt offen steht. Hier realisiert sich die Tendenz, Gemeinschaftsmitglieder zu privilegieren und Nichtgemeinschaftsmitglieder auszugrenzen. So wirkt beispielsweise auch das Konstrukt der Unionsbürgerschaft. Nur Unionsbürger oder Mitglieder genießen die dargestellten Freiheiten. Nichtunionsbürger oder Nichtmitglieder können sich nicht auf den gewährten Schutz berufen.

[84] Auf der Ebene des internationalen Rechtes ist eine ähnliche ingroup/outgroup Differenzierung in der Besetzung und den Befugnissen der Mitglieder des UN Sicherheitsrates zu erkennen. del Vecchio, 617, 618.

Bereichen der Rechtsordnung aufscheinen[85]. Das System der Behandlung nach Gruppenzugehörigkeit setzt sich aus den Elementen der Privilegierung von Gruppenmitgliedern und der Ausgrenzung von Nichtmitgliedern zusammen und läßt sich in größenmäßig anwachsenden Nähekreisen verfolgen.

Die Differenzierungen können an Gemeinsamkeiten, die ausschlaggebend für die Identität und Zusammensetzung einer Gruppe sind, festgemacht werden. Es entstehen regelmäßig gemeinsame Identitäten auf den Ebenen der Familie, der Freunde und Vertrauten, aber auch der Kommune, des Staates und der Staatengemeinschaft. Eben die Zugehörigkeit zu einer dieser Gruppen ist in der Rechtsordnung, wie dargestellt, der entscheidende Aspekt für die Differenzierung.

So lassen sich deutliche Spuren eines fein nach Nähegraden und Gruppenzugehörigkeit differenzierenden Systemes in der Rechtsordnung erkennen[86]. Dieser Umstand deutet darauf hin, daß diesbezügliche biogenetische Dispositionen den Gleichheitssatz und seine gesamtgesellschaftliche, egalitäre Ausstrahlung untergraben.

In der Folge wird zu überprüfen sein, ob und inwieweit sich in der Evolution des Gleichheitssatzes dem entgegenwirkende Neigungen und Mechanismen durchsetzen konnten. In diesem Zusammenhang werden auch Antworten auf die Frage, in welchem Ausmaß die genetische Programmierung von kulturellen Faktoren verdrängt, überlagert oder unterstützt wird, angestrebt.

IV. Zur Evolution des Gleichheitssatzes: biogenetische Impulse

Angesichts der Erkenntnis, daß Menschen dazu neigen, ihre Mitmenschen nach dem Kriterium der Gruppenzugehörigkeit differenziert zu behandeln, liegt es nahe, zu untersuchen, ob im menschlichen Verhaltensrepertoire nicht entgegengesetzte Tendenzen angelegt sind[87]. Dies könnte bedeuten, daß die anti-egalitären Neigungen von egalitären Tendenzen aufgehoben werden.

---

[85] Die Interpretation des Gleichheitssatzes im Lichte der neuen Rechtsprechung ist selbst ein wichtiges Indiz für die Tendenz, nach Gruppenzugehörigkeit zu differenzieren. Nicht mehr die einzelnen Personen, sondern Personengruppen sind Gegenstand der Differenzierungen. BVerfGE 55, 72 (88), BVerfGE 82, 60 (86) und B.II.3.c.

[86] Das Phänomen, daß biogenetische Tendenzen das rechtlich-soziale Verhalten und die Rechtsordnung prägen, ist in einigen Feldern des Rechts schon nachgewiesen worden. Gegenstand der Untersuchungen waren z.B. das Familien-, Erb- und Umweltrecht. Gruter, The Origins, 43-51, Beckstrom, Evolutionary Jurisprudence, 77-88, Gruter, Rechtsverhalten, 163 ff., Beckstrom, Sociobiology of Law, 7 ff., 127 ff.

[87] Eine solche Prüfung der natürlichen, nicht kulturell entwickelten Handlungstendenzen setzt, wie ermittelt, voraus, alle nicht natürlichen, kulturell entwickelten Verhaltensweisen auszuschließen. Zu diesem Zweck wird wieder auf das Kriterium der Universalität zurückgegriffen. Vgl. D.II.1.

In diesem Zusammenhang ist fraglich, ob es eine für den Menschen arttypische Tendenz zur Harmonie oder zum Konsens gibt. Sie müßte angesichts ihrer biogenetischen Verankerung nicht bewußt wirken, könnte dies aber. Unerheblich ist, ob sich diesbezügliche Dispositionen in individuellen, privaten Verhältnissen etablieren. Der Aspekt der sozialen Beziehungen in der Gruppe ist nicht nur angesichts des Charakters des Art. 3 I GG als Prinzip des öffentlichen Rechts bisher ausgeklammert geblieben und soll es auch bleiben. Analog zur bisherigen Vorgehensweise kann nur das Verhältnis zwischen einzelnen Gruppen im Mittelpunkt der Analyse stehen. Deswegen wird es darum gehen, zu überprüfen, ob eine Tendenz zum Konsens regelmäßig im Verhältnis voneinander abgegrenzter Gruppen festgestellt werden kann. Diese Neigung müßte unabhängig vom Innenverhältnis im Außenverhältnis zum Tragen kommen.

Verhaltensstrukturen, die auf eine Neigung zum harmonischen Ausgleich unabhängig von Gruppenzugehörigkeit hindeuten und so nicht differenzierend, sondern verbindend im Sinne eines Ausgleichs von Gruppengegensätzen wirken, sind sowohl in der Anthropologie als auch in der evolutionären Psychologie erkannt und behandelt worden[88].

Vertragliches Tauschverhalten ist ein typisches Beispiel für einen Bereich, in dem sich nicht-differenzierendes, gruppenübergreifendes Verhalten entwickelt. Der Austausch von Gütern überschreitet sowohl bei Naturvölkern als auch in industrialisierten Gesellschaften oft die Grenzen der Zugehörigkeit zu einer bestimmten Gruppe. Tausch in seinen ursprünglichen Formen ist bei Naturvölkern oft die einzige Art der Kontaktaufnahme von Gruppen ohne Konkurrenzsituation. Das Element der Kommunikation ist dabei nicht entscheidend, vielmehr läuft der Tausch als eine Art Ritual ab[89]. In den industrialisierten Gesellschaften ist der Handel als moderne Version des Tauschens in weiten Bereichen mechanisiert und technisiert. Die Zugehörigkeit zu einer bestimmten Gruppe spielt angesichts dieses Umstandes für den Abschluß meist keine Rolle mehr. Bezeichnend ist in diesem Zusammenhang auch, daß der Handel zwischen Staaten sich oft ungeachtet der sonstigen Beziehungen zwischen ihnen entwickelt[90].

Ein weiteres Phänomen des harmonisierenden Ausgleichs wurde mit dem Handlungsmuster des systematischen Kompromisses im Bereich kriegerischer Ausein-

---

[88] Cosmides/Tooby, Cognitive Adaptations, 205 ff.

[89] Masters, Nature, 99-104, Chagnon, 97-102.

[90] Diese Tendenz realisiert sich beispielsweise deutlich in der Entwicklung der europäischen Gemeinschaft, die zunächst als Wirtschaftsgemeinschaft konzipiert war und sich erst im Laufe der Zeit zu einer Union mit dem Ziel gemeinsamer Politiken wandelte. Ebenso steht vor der Aufnahme diplomatischer Beziehungen mit einem Staat regelmäßig ein Netz von Handelsbeziehungen. In diesen Zusammenhang paßt auch die Erfahrung, daß es sehr viel einfacher ist, die diplomatischen Beziehungen zu einem Staat abzubrechen als konsequent den zwischenstaatlichen Handel im Sinne eines Wirtschaftsembargos zu unterbinden.

andersetzungen entdeckt. So ist beobachtet worden, daß sich in Phasen der Aggression nach einer gewissen Zeit regelmäßig Tendenzen durchsetzen, die eine Mediatisierung bewirken. In Studien, die sich mit der Erforschung der Stammesgruppen der Yanomami im Amazonas-Gebiet beschäftigen, wird beispielsweise beschrieben, daß die Aggression zwischen zwei Stämmen eskalierte und sich eine lange, immer wieder kriegerische Auseinandersetzung anschloß, in deren Verlauf eine wesentliche Anzahl der kampfesfähigen Krieger auf beiden Seiten starb. Ohne eine Entscheidung der Kämpfe traten in der Folge mäßigende Tendenzen auf, und der Konflikt verebbte. Dieses Muster konnte wiederholt beobachtet werden[91].
Parallele Beobachtungen ergaben sich bei der wissenschaftlichen Auswertung der nicht von den Heeresleitungen diktierten Verhaltensmuster der Soldaten im Verhältnis zu den Gegnern an der deutsch-französischen Front während des Weltkrieges zwischen 1914 und 1918. Auf Perioden größter, angeordneter Aggression folgten Zeitabschnitte, in denen sich in den starren Frontabschnitten nicht auf Kommunikation beruhende Tendenzen der Mediatisierung realisierten. Aufzeichnungen ergaben, daß auf beiden Seiten Verhaltensmuster entwickelt wurden, die den Anschein der Aggression aufrecht erhielten und gleichzeitig gegenseitige Rücksichtnahme erlaubten. So wurden die obligatorischen Schüsse beispielsweise in immer gleichen Mustern und auf immer gleiche Ziele durchgeführt. Dies gab beiden Seiten im Sinne des Gedankens „Leben und leben lassen“ gewisse Sicherheit. Ein Verstoß gegen das so entwickelte und ritualisierte System, das von den jeweils wachhabenden Mannschaften weitergegeben wurde, bedeutete den Bruch der stillschweigenden Vereinbarung und wurde dementsprechend erwidert[92].

Das Tauschverhalten und der systematische Kompromiß begründen eine Kooperation von Menschen in an sich getrennten Gruppen. Ein entsprechendes Zusammenwirken im Sinne einer Abstimmung aufeinander ist in beiden Fällen gegeben, und mit den Akten des Tausches und des systematischem Kompromisses realisiert sich jeweils der angestrebte Zweck. Beiden Verhaltensweisen ist die Überwindung von Gruppengrenzen gemeinsam.

Evolutionsbiologisch erklären sich Phänomene der Kooperation dadurch, daß sie ein günstiges Verhalten für die Beteiligten etablieren, das ihre Eignung und Chancen im Lichte der Evolution erhöht. Nachdem festgestellt worden ist, daß beim Menschen verschiedene Selektionsmechanismen zum Tragen kommen[93], kann der Mechanismus der Kooperation nicht nur auf der Ebene des Individuums, sondern auch auf der der Gruppen wirken.

Eine Stärkung der beteiligten Gruppe kann sowohl durch Tausch als auch durch systematischen Kompromiß erfolgen. Dabei spielt die Reziprokität des Verhal-

---

[91] Lumsden/Wilson, Prometheus, 147-151, Chagnon, 124-137.
[92] Axelrod, Evolution of cooperation, 73-87.
[93] Vgl. D.II.3.a-c.

tens unabhängig von den Faktoren des Bewußtseins und der Kommunikation eine entscheidende Rolle. Nur wenn zu erwarten ist, daß sich beide Parteien an die Harmonisierung halten und den Konsens teilen, geht das Konzept der Kooperation zu Gunsten beider Beteiligter auf[94]. Anknüpfungspunkt sind Verläßlichkeit auf der einen Seite und Vertrauen in diese auf der anderen Seite. Nur auf der Basis der Reziprokität ist erklärbar, daß sich diese Formen der Kooperation evolutiv durchgesetzt haben.

Das evolutive Phänomen des Zusammenwirkens an sich getrennter Gruppen spricht für eine gruppenübergreifende Tendenz zum Konsens. Auffallend ist aber, daß sich im Fall ernster Auseinandersetzungen zwischen Gruppen in der Regel weder Tausch noch Kompromiß als Prinzipien durchsetzen können. Dies bedeutet, daß die ausgleichenden Tendenzen dann regelmäßig zugunsten der Differenzierung nach Gruppenzugehörigkeit verdrängt werden.

Die Erkenntnisse weisen somit darauf hin, daß es eine natürliche Tendenz zum Konsens gibt. Sie läßt sich nach dem Prinzip der fitnessfördernden Kooperation auf der Basis der Reziprokität erklären, ohne auf das Element des Bewußtseins angewiesen zu sein[95]. Die Tendenz zum Konsens wirkt harmonisierend auf die Mitglieder der beteiligten Gruppen, soweit das Zusammenwirken im Konsens für beide Gruppen nützlich ist. Diese Neigung zu harmonischen gruppenübergreifenden Verhaltensweisen scheint aber nicht auszureichen, um die auf Differenzierung basierenden Gegensätze aufzuheben. Allerdings kann sie diese mildern.

Die beschriebene Tendenz stützt den Gedanken einer natürlichen Evolution des Gleichheitssatzes. Es ist aber zu erwarten, daß kulturelle Einflüsse die Entwicklung der Norm entscheidender prägen konnten.

V. Zur Evolution des Gleichheitssatzes: mimetische Impulse

In diesem Abschnitt wird eine Analyse der mimetischen Entwicklung des Prinzips Gleichbehandlung unternommen. Es werden der Ursprung des Memes Gleichbehandlung und seine Entwicklung in Abhängigkeit von den gesellschaftlichen Konstellationen überprüft. Dabei geht es wie bisher nicht darum, eine Tendenz zur Gleichbehandlung in der Gruppe zu entdecken, sondern eine Tendenz zur Gleichbehandlung über Gruppengrenzen hinweg festzustellen.

1. Gesellschaftliche Voraussetzungen

Unabhängig vom Gewinn der Fähigkeiten, die eine mimetische Evolution möglich gemacht haben, ist anzunehmen, daß das Leben der Hominiden sich in den über

---

[94] Wilson, Sociobiology, 277.

[95] Wilson, Aufz. v. 29.11.94, Vorlesung, 14.12.94.

Jahrtausende gewachsenen, gewohnten Welten entwickelte[96]. Die menschlichen Populationen setzen sich zusammen aus einer Dorfgemeinschaft, die um die 80 Personen enthält, und grenzen sich klar von den benachbarten Gruppen ab.

Feldforschung am Beispiel des Naturvolkes der Yanomami belegt, daß diese Lebensweise ein über Jahrtausende entwickeltes und erprobtes Gleichgewicht darstellt, das bei Veränderungen aus dem Lot gerät.
Wenn die Gruppen auf über 100 Mitglieder anwachsen, kommt es zu gewisser Unruhe: Es ist feststellbar, daß tendenziell mehr Streit entsteht. Es bilden sich wechselnde Streitparteien und Gruppen in der Gruppe. In der Folge dieser Auseinandersetzungen spaltet sich die Gruppe regelmäßig auf, indem ein Teil das Dorf verläßt. So entstehen zwei Dorfgemeinschaften, die sich wiederum klar voneinander abgrenzen[97].

Zwei Faktoren erscheinen für die Entwicklung verantwortlich: Die Anzahl der Menschen schafft sozialen Streß, auf dessen Basis sich eine Neigung zur Gruppendifferenzierung in der Gruppe realisiert. Zusätzlich ist das Anwachsen der Population oft von einem Knappwerden der Ressourcen begleitet.

Mit dem gesellschaftlichen Fortschritt in Hinblick auf kulturelle Fertigkeiten und Techniken, insbesondere in den Bereichen des Ackerbaus und anderer Nutzung des Lebensraumes, eröffnet sich die Möglichkeit, Lebensmittel[98] zu erzeugen, die ausreichen, um über die übliche Anzahl gewachsene Populationen zu ernähren[99]. Die Lebensgruppen werden größer als die Dorfgemeinschaften, die über Jahrtausende typisch für das Zusammenleben waren. In diesem Fall wäre es folgerichtig, daß auch die Bezugsgruppen der Menschen wachsen. Dies ist aber, wie dargestellt[100], nicht der Fall. Die Zahl der Menschen, mit denen enge und konstante Beziehungen gepflegt werden, übersteigt auch bei modernen Menschen regelmäßig nicht 80 bis 100 Mitmenschen.

Unabhängig von der Lebensgruppe und ihrem Umfang erscheint der Mensch auf eine bestimmte Größe seiner Bezugsgruppe programmiert. Deswegen ist die Tendenz erkennbar, daß sich innerhalb der Population, wenn diese eine bestimmte Größe übersteigt, zwei oder mehr Parteien bilden. Die Mitglieder dieser Gruppen in der Gruppe werden jeweils von einem Geflecht interessenbezogener, sozialer

---

[96] Gruter, Perspective, 96-101.

[97] Chagnon, 39-44, Lumsden/Wilson, Prometheus, 139-146.

[98] Lebensmittel werden hier sehr nah am Wort als die Mittel, die erforderlich sind, um das Überleben der Beteiligten zu gewährleisten, verstanden.

[99] Aus dieser Tatsache könnte sich ergeben, daß der soziale Streß wegfällt, wenn genügend Ressourcen vorhanden sind und die Zahl der Populationsmitglieder steigt. Wenn sich urbane Tendenzen in diesem Sinne ankündigen und etablieren, ist mit dem Anwachsen der Populationen aber auch eine Steigerung des sozialen Stresses zu verzeichnen. Das Knappwerden der Ressourcen scheint demnach keine Rolle zu spielen.

[100] Vgl. D.II.2.a.

Beziehungen aneinandergebunden. Die Lebensgruppe dividiert sich in unterschiedliche Bezugsgruppen auf[101] [102].

Dies ist der Ursprung der Gruppendifferenzierung in der Gruppe. Während bis zu diesem Zeitpunkt die Differenzierung nach Gruppenzugehörigkeit immer nur im Verhältnis von Gruppe zu Gruppe zur Anwendung kam, entfaltet sie ihre Wirkung jetzt im Verhältnis mehrerer kleiner Gruppen, die in einer großen Gruppe oder Population zusammengefaßt sind. Die Mitglieder einer Gruppe behandeln die anderen Mitglieder tendenziell besser als die Nichtmitglieder. Wenn sich diese Tendenz als Realität festsetzt und sich konstant wiederholt, so führt dies zu einer ungleichen Verteilung der Rechte und Güter in der Population.

Gehirnkapazität, symbolisches Denken, Bewußtsein und Gedächtnis ermöglichen ab einem gewissen Punkt eine mentale Erfassung und Durchdringung des geschilderten Zustandes. So ergibt sich die Erkenntnis der Ungleichbehandlung als gesellschaftliches Faktum. Aus dieser Erkenntnis, daß Menschen der gleichen Lebensgruppe wegen Zugehörigkeit zu einer bestimmtem Bezugsgruppe anders behandelt werden, erwächst der Wunsch nach Teilhabe an den geschaffenen Privilegien. Das Mem der Forderung nach Gleichbehandlung ist damit geboren.
Es entwickeln sich egalitäre Tendenzen in der Population oder Gesellschaft und realisieren sich als Forderungen in Hinblick auf die politische oder soziale Wirklichkeit. Ihnen gegenüber steht eine davon abweichende Realität.

Dies ist der Ausgangspunkt für die Entwicklung des Prinzips Gleichheit. Das Mem der Forderung nach Garantie der Gleichbehandlung im Gemeinwesen wird in einer bestimmten Sachfrage mit dem Mem der Überzeugung, daß der „status quo" bestehen bleiben soll, konfrontiert. Sowohl der Wunsch, die rechtliche Realität aufrechtzuerhalten, als auch die Forderung nach Modifikation der staatlichen Wirklichkeit werden von bestimmten gesellschaftlichen Gruppen getragen, deren Auffassungen sich in der Sache gegenüberstehen.
In der Regel verfügt die eine Gruppe über gesellschaftliche Privilegien in Hinblick auf politische Macht oder soziale Mittel. Die andere Gruppe dagegen ist gesellschaftlich in Hinblick auf Mitbestimmung im Staat oder Arbeits- und Besitzverhältnisse weniger mächtig und somit schlechter gestellt[103]. Die Gruppe,

---

[101] Allein die Konstellation einer Population, die in Gruppen aufgeteilt ist, legt es nicht nahe, in diesem Zusammenhang von einem Staat sprechen. Allerdings kann doch festgehalten werden, daß sich mit dieser Konstellation eines Gemeinwesens, das von verschiedenen Gruppen und ihren Interessen geprägt ist, Elemente eines modernen Staates verwirklichen.

[102] Masters, Nature, 153-163, Ike, 218-234.

[103] Willensbildung und Güterverteilung haben sich als klassische Felder gesellschaftlicher Differenzierung im Staat erwiesen. Aus diesem Gedanken heraus bietet sich eine Unterscheidung zwischen Gleichheitsbestrebungen im politischen und sozialen Feld an.
Als politisch sollen alle Normen, die das Verhältnis zwischen Staat und Bürger regeln, definiert werden. Die Forderungen nach Ausdehnung des Gleichheitskonzeptes erstrecken sich auf

die nach Erhaltung der geltenden Ordnung strebt, erwartet von einer Ausdehnung die ungerechtfertigte Aufhebung bestehender Unterschiede. Die Gruppe, die Änderung wünscht, erhofft sich dagegen eine angemessene Verbesserung ihres gesellschaftlichen "status quo"[104].

In der Auseinandersetzung der Meme der Forderung nach Gleichbehandlung und des Wunsches nach Aufrechterhalten der bestehenden Regelung scheint die in der Interpretation des Art. 3 I GG dargestellte Diskussion um faktische und rechtliche Gleichheit auf. Die Erkenntnis der gleichen Würde aller Menschen und die Interpretation des Art. 3 I GG als Willkürverbot bilden die Basis für die Polarität der mit den beiden Gleichheitsbegriffen verbundenen Interpretationen.
Das Mem rechtlicher Gleichheit verlangt eine statische Politik im Sinne der Aufrechterhaltung gleicher Startchancen. Das Mem faktischer Gleichheit impliziert eine dynamische Politik im Sinne ständiger Durchsetzung von Forderungen nach gleicher Teilhabe am Gemeinwesen.
Das Entwicklungsprinzip und die Selektion der konkurrierenden Meme des Wunsches nach Aufrechterhaltung der bestehenden Gleichheitsgarantien und der Forderung nach Ausweitung der Prinzipien gleicher Teilhabe realisieren sich so zum Teil in der Interpretation des Art. 3 I GG, soweit sie sich in der Polarität der Prinzipien rechtlicher und faktischer Gleichheit bewegt.

2. Dynamik der Entwicklung

Gene und Meme sind einem starken Selektionsdruck unterworfen. Im Fall der Meme handelt es sich um eine Konkurrenz verschiedener Ideen und Konzepte. Die Fähigkeit des durchschnittlichen Menschen, eine bestimmte Anzahl von Memen präsent zu haben und zu halten, ist begrenzt. In einer Sachfrage wird zudem oft nur ein Mem als überzeugend anerkannt.
Auch die mimetische Selektion erfolgt durch die Häufigkeit der Anwendung bzw. des Gebrauchs. Ein oft eingesetztes Mem erfährt eine Stärkung gegenüber dem schwächer frequentierten Mem. Je öfter ein Mem als überzeugend kommuniziert und repliziert wird, desto umfassender setzt es sich als gedankliches Konzept in der Gesellschaft durch.

Gleichsetzung in den Voraussetzungen der Beteiligung an der politischen Willensbildung. Ziel der geplanten Maßnahmen ist ein höheres Maß an politischer Partizipation.
Als sozial sollen alle Normen, die das Verhältnis der Bürger untereinander regeln, verstanden werden. Das Streben nach Realisierung eines gerechten Gleichheitsbegriffes bezieht sich hier auf Gleichsetzung in den Voraussetzungen der sozialen Einordnung der Einzelnen und der gesellschaftlichen Gruppen in die Gesamtheit einerseits und der Bestimmung des Verhältnisses untereinander andererseits. Ziel der geplanten Maßnahmen ist ein höheres Maß an sozialer Teilhabe. Hesse, AöR 77, 178-181, 197-191.
[104] Stein, Band 1, IV, 3, 84-90, 4, 90-93.

Das Mem der Forderung nach Gleichbehandlung in einer bestimmten Sachfrage hat Überzeugungskraft. Die Aussicht, mit der Durchsetzung des Mems mehr Rechte oder Güter zu erhalten, erscheint nicht nur einleuchtend, sondern auch wünschenswert. Die Voraussetzungen für eine umfassende Ausbreitung des Mems in der Gruppe der Nichtprivilegierten sind gegeben. Das Mem des Wunsches, die herrschende Regelung in Sachen Gleichbehandlung aufrechtzuerhalten, hat eine ähnliche Überzeugungskraft in der Gruppe der Privilegierten. Für die Ausbreitung und Selektion der beiden Meme sind die Größe der sie vertretenden Gruppe und deren gesellschaftliche Möglichkeit, das jeweilige Mem durchzusetzen, die entscheidenden Faktoren.

Die Entwicklung der konkurrierenden Meme ist abhängig von den herrschenden Machtverhältnissen. In einem absolutistischen oder oligarchischen Gemeinwesen existieren offensichtlich erhebliche gesellschaftliche Ungleichheiten in Hinblick auf Möglichkeiten der Teilhabe[105]. Anderes gilt in einem demokratischen System[106], in dem sich die Erkenntnis von der gleichen Würde aller Menschen und damit verbunden die Vorstellung durchgesetzt haben, daß jeder Mensch eine gewisse Möglichkeit der politischen und sozialen Partizipation im Staatswesen haben sollte[107]. Das Konzept vom demokratischen Staat beruht entscheidend auf dem Prinzip der Rotation. Solange jeder Bürger wechselweise einmal zur Mehrheit und einmal zur Minderheit gehört, wird er das Gefühl haben, in angemessener Weise am politischen und sozialen Leben teilnehmen zu können. Wenn dieses Prinzip der Rotation aber aus dem Gleichgewicht gerät, stehen sich innerhalb des Staates zwei antagonistische Gruppen gegenüber[108].

In der Folge wird untersucht, welche Entscheidungen sich der im Gemeinwesen privilegierten Gruppe, die sich Forderungen nach Ausdehnung des Gleichheitskonzeptes in einer bestimmten Sachfrage ausgesetzt sieht, und den Fordernden alternativ eröffnen. Insgesamt stehen vier denkbare Möglichkeiten der Entscheidung zur Auswahl, um dem skizzierten Widerspruch zu begegnen.

Eine Möglichkeit der Entscheidung für die privilegierte Gruppe, in deren Hand sich in der Regel auch die Staatsgewalt befindet, ist es, dem Streben nach Gleichbehandlung nachzugeben. Die Forderungen der nichtprivilegierten Gruppe

---

[105] Das heißt nicht, daß in einem absolutistischen oder oligarchischen Staat nicht Forderungen nach mehr Gleichheit auftreten und sich eventuell durchsetzen können. Festgestellt wird nur, daß die Bedingungen für die Herausbildung einer diesbezüglichen Erkenntnis hier weniger gut sind als in einem demokratischen System.

[106] Auffallend ist, daß die Ausdehnung des Gleichheitskonzeptes mit Durchsetzung der Staatsform Demokratie erhebliche Beschleunigung erfahren hat. Eine exakte Untersuchung der Abhängigkeit der Ausdehnungsgeschwindigkeit von der Staatsform würde hier aber zu weit führen.

[107] Smend, 22-24.

[108] Leibholz, 16-18 sowie zum ganzen Zusammenhang Hesse, AöR 77, 178-195.

werden aufgegriffen und im Wege einer Reform[109] in die Wirklichkeit umgesetzt[110]. Klassisches Beispiel dafür ist die Reformpolitik des aufgeklärten Absolutismus in Preußen und Bayern. Erforderlich ist, nach dem Maß des Nachgebens zu unterscheiden. In Betracht kommen eine extreme und eine gemäßigte Reform.

Die extreme Reform zeichnet sich durch ein hohes Maß an reformatorischer Umsetzung aus. Mit ihr werden die erhobenen Forderungen weitgehend oder ganz in die Wirklichkeit umgesetzt. Es ist zu erwarten, daß die neuen Realitäten, getragen von einem großen Teil der Staatsbürger, langfristig akzeptiert werden. Der ursprüngliche Widerspruch wird konsequent aufgehoben, die erfolgte Polarisierung überwunden.
Die gemäßigte Reform zeichnet sich durch ein niedriges Maß an Realisierung der reformatorischen Gedanken aus. Mit ihr wird nur ein Teil der angestrebten Änderungen im Rechtsystem verwirklicht. Je nach Reformmaß ist davon auszugehen, daß die neue Ordnung nur kurzfristig akzeptiert wird oder überhaupt nicht geeignet ist, die gesellschaftlichen Spannungen auszugleichen. Der ursprüngliche Widerspruch wird nur teilweise aufgehoben, eine Restpolarität bleibt erhalten.

Während kleinere Neuregelungen oft im Wege einer Reform erreicht werden, ist eine größere Umbildung des Staates meist mit einer Revolution verbunden. Eine entscheidende Rolle spielt in diesem Zusammenhang, daß die Staatsgewalt sich in aller Regel in der Hand der privilegierten Gruppe befindet. Eine Erhaltung der Machtsituation ist in Hinblick auf den drohenden Vorrechtsverlust im Interesse der Gruppe. Trotz der Tendenz, nichtgefährdende Reformen zuzulassen, ist ein Nachgeben, soweit es um machterhaltende Funktionen und Regelungen geht, kaum zu erwarten. Wenn die Staatsgewalt den Forderungen der nichtprivilegierten Gruppe angesichts dieser Konstellation nicht nachkommt und die Überzeugung von der Notwendigkeit der Umbildung sich parallel als ideelles und existentielles Bedürfnis durchsetzt, sind die Voraussetzungen für ein gewaltsames Vorgehen im Wege der Revolution gegeben[111].

Zu unterscheiden sind zwei Konstellationen der Realisierung, die sich nach Maß des Erfolgs voneinander abheben. Möglich sind Erfolg und Scheitern der Revolution.

---

109 Sowohl in Ausgangssituation als auch Beweggründen und Änderungsfolge sind jeweils zwei Konstellationen denkbar. Entweder die nichtprivilegierte Gruppe erhebt die Bitte, die ihrer Auffassung nach ungerechtfertigte Differenzierung im Rechtssystem aufzuheben, oder die privilegierte Gruppe erkennt aus eigener Einsicht die Opportunität einer Anpassung der geltenden Ordnung.
Um die angestrebte Gleichheitsvorstellung zu erreichen, gibt es die Möglichkeiten, alle Vorrechte der privilegierten Gruppe aufzuheben oder die Privilegien auf alle Mitglieder der nichtprivilegierten Gruppe auszudehnen.
110 Stein, Band 1, IV, 5, 93-96.
111 Stein, Band 1, IV, 6, 96-99.

Im Zuge einer erfolgreichen Revolution werden die existierenden Machtverhältnisse im Wege gewaltsamer Maßnahmen gleichsam überrollt. Sie ist in ihrem Erfolg von einer starken, in sich einigen, gut organisierten Gruppe, die weite Teile der Staatsbürgerschaft umfaßt, und gleichzeitig von einer eher schwachen uneinigen Staatsgewalt abhängig. An die Stelle der alten Ordnung tritt ein neues Machtgefüge, in dessen Gefolge die erhobenen Forderungen verwirklicht werden. Die bisher privilegierte Gruppe verliert ihre Vormachtstellung, ein Teil der nichtprivilegierten Gruppe übernimmt die Staatsgewalt[112]. Typisches Beispiel ist die französische Revolution.
Im Falle einer scheiternden Revolution wird der Versuch eines gewaltsamen Umsturzes der geltenden Ordnung gleichsam im Keim erstickt. Nachdem sich die Staatsgewalt in der Regel eine starke Machtposition geschaffen hat, während Revolutionen oft nur von einer heterogenen Gruppe gesteuert werden, ist die erstickte Revolution angesichts des Ungleichgewichts ein im Verhältnis öfter auftretendes Phänomen. Ein Beispiel ist die bayerische Räterevolution, die am 1.5.1919 durch Reichstruppen niedergeschlagen wurde.

Die erfolgte Darstellung der einzelnen Elemente der Ausdehnung hat sich auf die Analyse einzelner Mechanismen beschränkt. Jede geschilderte Konstellation kann Angriffspunkt für einen neuen Mechanismus und diesbezügliche Weiterentwicklung sein.

3. Bedingtheiten der Ausdehnung

In der Lebenswirklichkeit richtet sich die tatsächliche Entwicklung der konkurrierenden Meme nach der jeweiligen Machtposition der nichtprivilegierten, aufbegehrenden und der privilegierten Gruppe, deren Ziel Erhaltung des "status quo" ist. Der mehr oder weniger sachliche Austausch gesellschaftlicher Auffassungen im Lichte sinnvoller Maßnahmenfindung für das Gemeinwesen wird begleitet vom Streben um Aufrechterhaltung bzw. Durchsetzung eigener Macht. Dem Ansatz der einen, die eigene Machtposition auszudehnen, tritt die entschlossene Tendenz der anderen zum Schutz eigener Macht gegenüber.

---

[112] Nicht immer werden mit dem gewaltsamen Schaffen von neuen Realitäten der zugrunde liegende Widerspruch und bestehende Polaritäten beseitigt. Es ergeben sich vier denkbare Möglichkeiten. Entweder wird der reine Anspruch der Gleichheitsforderungen gesamtgesellschaftlich umgesetzt und kommt so allen Staatsbürgern zugute, oder aber die neue Gleichheitsregelung wird als Norm konzipiert, die faktisch nur zugunsten der eigenen Gruppe in der Gesellschaft und so wiederum differenzierend wirkt. Neben diesen beiden extremen Alternativen, kommt weiterhin in Betracht, daß die Neuregelung nur Teile der bisher nichtprivilegierten Gruppe und die privilegierte Gruppe einschließt, aber andere Teile der nichtprivilegierten Gruppe ausschließt. Ebenso ist denkbar, daß die bisher privilegierte Gruppe ganz ausgeschlossen wird. Nur in dem Fall der Ausdehnung des Gleichheitskonzeptes auf die Gesamtgesellschaft wird der Widerspruch völlig beseitigt, in allen anderen Fällen bleibt Polarisierungspotential erhalten.

Ebenso ist zu registrieren, daß sich aufbegehrende Gruppen in Hinblick auf Gewährung der Gleichheit von anderen, nicht von der geltenden Regelung eingeschlossenen Gruppen abgrenzen. So entstehen Wertegemeinschaften, die eine bestimmte Interpretation von Gleichheit für sich beanspruchen[113].

Diese Phänomene erklären das Auftreten von Ambivalenzen in der Gleichheitsdiskussion. Sie können im plastischen Bild vom "Fahrradfahrer" veranschaulicht werden. Der "Fahrradfahrer" schaut nach oben und tritt nach unten. Soweit eine sich um Ausdehnung des Gleichheitskonzeptes bemühende Gruppe mit dem "Fahrradfahrer" gleichgesetzt wird, ergibt sich folgendes Bild.
In Hinblick auf die Gruppe, die mehr Privilegien genießt, entwickelt sich das Streben, selbst in den Genuß dieser Vorrechte zu kommen. Die bestehende Ordnung wird mit dem Ziel der Änderung der "oben" herrschenden Verhältnisse angegriffen.
Gegenüber der weniger privilegierten Gruppe setzt sich allerdings die Tendenz zum Selbstschutz im Sinne der Absicherung eigener Privilegien und Vermögenspositionen im Gemeinwesen durch. Im Zuge dieser Tendenz sind somit Abwehrmaßnahmen "nach unten" zu verstehen. Diese beiden Neigungen können sich parallel realisieren, das Bild des "Fahrradfahrers" ist damit komplett.

Aus einem ähnlichen Blickwinkel ist auch das so vernünftig scheinende Einlenken des Staates zugunsten bestimmter Reformen zu verstehen. Angesichts der skizzierten Konstellation, daß die Staatsgewalt meist in Hand der privilegierten Gruppe ist, kann ein Nachgeben in Bezug auf bestimmte Aspekte der Gleichheit als freiwillige Aufgabe einer Machtposition verstanden werden. Dies ermöglicht aber gleichzeitig, andere Machtpositionen unangetastet zu lassen. Die Zugeständnisse in Hinblick auf Gesichtspunkte der Gleichheit, die oft auf das Lebensinteresse oder den Legitimationszwang des Staates[114] zurückgeführt werden, können also auch als strategisches Verhalten in der Auseinandersetzung um Machtpositionen gesehen werden.

Bei näherer Betrachtung fällt weiterhin auf, daß die Entwicklung der Ausdehnung des Gleichheitskonzeptes nicht graduell, sondern eher sprunghaft verläuft. Dieser Mangel an Konstanz in der Ausdehnung findet seinen Grund ebenfalls im Ringen entgegengesetzter gesellschaftlicher Positionen. Soweit sich in einer Auseinandersetzung die nichtprivilegierte Gruppe durchsetzt, ist im Gefolge dieser Entscheidung einer Reihe weiterer Zugeständnisse der privilegierten Gruppe zu erwarten. Ab dem Punkt, an dem die Gleichheitsforderungen der antreibenden Kräfte innerhalb der nichtprivilegierten Gruppe saturiert sind, kommt die Ausdehnung für eine Weile zum Stillstand. Falls in einer Auseinandersetzung die

---

[113] Sundbohm, 11, 18.
[114] Hesse, AöR 77, 186, 196.

privilegierte Gruppe ihre Interessen durchsetzt, ist wegen der folgenden Bemühungen um Stabilität meist ein Stillstand in der Entwicklung erreicht.

Der Gleichheitssatz hat seinen Ursprung somit in dem Auseinanderklaffen von Lebens- und Bezugsgruppe einerseits und der Herausbildung mentaler Funktionen andererseits, die die Erkenntnis der Ungleichbehandlung ermöglichen. Es hat sich gezeigt, daß die Durchsetzungsfähigkeit des Mems der Forderung nach Gleichbehandlung in einer bestimmten Sachfrage entscheidend von den jeweiligen politisch-sozialen Dominanzverhältnissen in der Gesellschaft abhängt. Zusammengefaßt kristallisiert sich, je nach Feld der Realisierung politisch oder sozial motiviert, folgendes Entwicklungsprinzip heraus:
Mit dem Auftreten des skizzierten mimetischen Widerspruchs wird der gesellschaftliche Konsens erschüttert. Die Polarisierung der sich gegenüberstehenden Meme und Meinungsgruppen wirkt als Motor. Der entstandene Dissens kann mit zumindest partieller Angleichung der als widersprüchlich empfundenen Lebensverhältnisse aufgelöst werden. Je größer die Spannung zwischen dem Gerechtigkeitsempfinden und der Rechtsrealität ist, desto größer ist - auf lange Sicht gesehen - die Wahrscheinlichkeit einer weitreichenden Ausdehnung des Mems Gleichbehandlung im Sinne des Gleichheitssatzes.

VI. Koevolution

Um bestimmen zu können, wie sich natürliche und kulturelle Faktoren zueinander in Hinblick auf den Gleichheitssatz verhalten, erscheint es sinnvoll, das Verhältnis natürlicher und kultureller Evolution näher zu betrachten. Sind die natürlichen Tendenzen von kulturellen Faktoren überholt und verdrängt worden oder läßt sich ihr Fortwirken nicht von der Hand weisen? Dies hängt wesentlich davon ab, wie die Mechanismen der natürlichen und der kulturellen Evolution ineinander greifen.

1. Natur und Kultur im Wechselspiel

Der Dualismus von Natur und Kultur ist eine seit Jahrhunderten bekannte Konstante im Gedankensystem der westlichen Zivilisation und hat sich tief in ihr Bewußtsein eingegraben. Umso heftiger werden Diskussionen um den Einfluß von Erbe und Umwelt geführt. Aus der Zwillingsforschung stammen Experimente, die versuchen, nach Prozenten zu bestimmen, inwieweit der Mensch so oder so geprägt ist[115]. Diesbezügliche Diskussionen werden nach wie vor erbittert ausgetragen.
Neuere Erkenntnisse aus der Evolutionspsychologie und -biologie weisen darauf hin, daß dieser Dualismus nicht mehr zeitgemäß ist und mit Prozentzahlen jonglierende Modelle ausgedient haben. Die humane Evolution ist ein mehrdimensio-

---

[115] Trivers, Social evolution, 99, 100

naler, komplexer Vorgang. Der moderne Mensch bewegt sich als evolutiv entwickeltes Lebewesen in einer ständigen Wechselwirkung biologischer und gesellschaftlicher Einflüsse[116]. Erforderlich ist es deswegen, sich die Wechselwirkungen der natürlichen Tendenzen und der kulturellen Handlungsanleitungen vor Augen zu führen.

Meme können von Gehirn zu Gehirn „springen", ihre Evolution erfolgt durch Imitation oder Kommunikation. Die Meme entwickeln sich so nach dem von Lamarck geprägten Modell, während die Gene sich nach wie vor nach streng darwinistischen Maßstäben ausbreiten und so auf den Generationenwechsel angewiesen sind[117]. Während die genetischen Codes immer von Generation zu Generation übermittelt werden, vollzieht sich die Weitergabe der kulturellen Einheiten von Gehirn zu Gehirn, von Lebewesen zu Lebewesen, von Mensch zu Mensch. Die kulturelle Evolution ist um vieles schneller als die natürliche Evolution und hat diese in ihrer Verbreitung gleichsam überholt[118]. Angesichts dieser Konstellation ist zu erwarten, daß die natürlichen Dispositionen kulturell überformt werden.

Diese Erkenntnis könnte darauf hinweisen, daß das mimetische Prinzip der Gleichbehandlung die biogenetische Neigung zur Ungleichbehandlung nach Gruppenzugehörigkeit verdrängt hat. Fraglich ist, in welchem Maße der Einfluß der biogenetischen Faktoren im Lichte des Überholmanövers durch die mimetischen Impulse bestehen bleibt.

Es wird angenommen, daß eine gemeinsame, parallele Evolution in gegenseitiger Abhängigkeit[119] abläuft. Dieser Prozeß wird Koevolution genannt. Nach diesem Modell können biologische Vorgaben die kulturellen Erscheinungen formen. Gleichzeitig können die kulturellen Neuerungen biologische Merkmale modifizieren, wobei diese Rückwirkung nicht immer und nicht direkt auftritt, aber zum Teil indirekt konstruiert wird.

Die Gene bestimmen die Struktur des menschlichen Denkapparates. In Abhängigkeit von den so vorgegebenen Bahnen entwickelt sich der Komplex der Meme. Die Denkstrukturen wachsen wiederum in der Auseinandersetzung mit den Memen. Einige Meme werden tradiert, andere nicht, neue Meme treten auf, verbreiten sich in der Population oder werden vergessen. Soweit sich bestimmte Meme selektiv durchsetzen, kann sich dies auf die genetische Kapazität, sie zu entwickeln, auswirken[120].

---

[116] Cosmides/Tooby, Psychological Foundations, 46, Voland, Fortpflanzung, 362.
[117] Irons, 8.
[118] Dawkins, Selfish Gene, 194-198, Wilson, On Human Nature, 78, 79.
[119] Dobzhansky, 18.
[120] Lumsden/Wilson, Biological and cultural evolution, 354-356, Wilson, Sociobiology, 274, Lumsden/Wilson, Prometheus 117-120, 170, Wilson, Vorlesung, 12.12.94.

Anders formuliert, stellt das menschliche Gehirn ein Programm informationsverarbeitender Mechanismen dar, die sich im Prozeß der natürlichen Selektion als Strukturen gebildet haben. Diese natürlichen Anpassungen ermöglichen mentale Einsichten, auf deren Basis kulturelle Einheiten entstehen. Diese können sich als funktional erfolgreiche kognitive Adaptionen durchsetzen[121] und auf die Evolution der Gehirnstrukturen und -kapazitäten in der Population rückwirken[122].

Die Funktiosnweise wird transparent am folgenden Beispiel: Die Fähigkeit, Sprachen zu lernen und zu sprechen, ist im Menschen in einer bestimmten Struktur biogenetisch als Kapazität angelegt. Diese Struktur begründet einige grundlegende Sprachregeln. Die Worte, die Regeln des Satzbaus und andere Konventionen der Sprache, die ein Mensch oder eine ganze Population für sich entwickeln, sind dagegen gesellschaftlich ausgebildet und ständiger Modifikation ausgesetzt[123].

Ohne die natürlichen Vorgaben ist die Humanevolution demnach nicht denkbar. Die kulturellen Faktoren entwickeln sich auf ihrer Basis, haben aber angesichts ihrer enormen Ausbreitungsgeschwindigkeit die wesentliche Rolle in der Gestaltung des sozialen Lebens übernommen. Der Prozeß der Koevolution ist somit von der Abhängigkeit natürlicher und kultureller Einheiten geprägt, wobei diese angesichts ihrer gesellschaftlichen Realisierungen leichter zu beschreiben und nachzuweisen sind als jene[124].

Die natürlichen Tendenzen und Vorgaben bleiben bestehen. An ihrer Existenz und ihrer Wirkung ändern die Ausbreitungsgeschwindigkeit und die gesellschaftliche Konzentration der kulturellen Handlungsfaktoren nichts. Allerdings können die natürlichen Einheiten von den kulturellen Einheiten in ihrer Wirkung überformt werden[125]. Meme und Gene können sich in ihrem Einfluß auf eine Handlung gegenseitig unterstützen, können aber auch entgegengesetzte Verhaltensneigungen hervorrufen[126]. Soweit sie parallel laufen, werden sie einander verstärken. Wenn sie sich widersprechen, ist anzunehmen, daß die eine Tendenz die

---

121 Barkow/Cosmides/Tooby, Evolutionary Psychology, 3-13, Cosmides, Tooby, Psychological Foundations, 24.

122 Der Selektionswert ist umstritten. Nachdem dieses Phänomen der Rückwirkung auf den Generationenwechsel angewiesen ist, ist es sehr schwer nachzuweisen. Deswegen ist die Aussage mit Vorsicht zu behandeln. Während Wilson von der zirkulären Wirkung ausgeht, wird dies in der viel später erschienenen Publikation von Cosmides und Tooby nicht angenommen. Unabhängig davon, ob eine zirkuläre Abhängigkeit begründet werden kann, ist aber als entscheidender Zusammenhang festzuhalten, daß die genetische Struktur die Weichen für die kulturellen Kapazitäten und deren Fortentwicklung stellt.

123 Ruse, Sense, 152-162, Cosmides/Tooby, Foundations of Culture, 45, 46.

124 Durham, Theory of Biology, 42-44, Alexander, 67-69, Cosmides/Tooby, Foundations of Culture, 24.

125 Durham, Coevolution, 420, 421.

126 Dawkins, Das egoistische Gen, 530.

andere überwindet oder zumindest schwächt. Das Verhältnis der Faktoren ist vom jeweiligen Sachkomplex abhängig.

Wenn die ermittelten Tendenzen und Wechselwirkungen auf das Gleichheitskonzept übertragen werden, wird deutlich, daß die verschiedenen beschriebenen Mechanismen ineinandergreifen. So ist eine Koevolution von Gleichbehandlung und Ungleichbehandlung anzunehmen. Die bestimmenden Faktoren in der Evolution des Gleichheitssatzes werden in der Folge zusammenfassend betrachtet und in ihrer Wirkung im Verhältnis zueinander untersucht.

2. Gesellschaftlich-kulturell verankerte Faktoren der Gleichbehandlung

Voraussetzungen für das gesellschaftlich-kulturelle Streben nach rechtlicher Gleichheit sind einerseits die Erkenntnis, daß allen Menschen gleicher Wert im Sinne unveräußerlicher Menschenwürde zusteht und andererseits immer eine faktische Ungleichheit. Die Forderung nach gleicher Behandlung entsteht aus einem Widerspruch zwischen Gerechtigkeitsempfinden und rechtlicher Realität. So kommt eine eigendynamische, gesellschaftlich-kulturelle Entwicklung in Gang, die in ihren Zusammenhängen beschrieben wurde. Sie manifestiert sich als Auseinandersetzung zwischen den Memen der Forderung nach Gleichbehandlung und des Wunsches nach Aufrechterhaltung der geltenden Regelung sowie den sie repräsentierenden Gruppen.

Mit der Verfassungsnorm des Art. 3 I GG ist das Mem Gleichbehandlung in der Gestalt des Gleichheitssatzes Bestandteil des verfassungszentralen Grundrechtskataloges geworden. Der Art. 3 I GG war, wie dargestellt, bisher geprägt von einer schwerpunktmäßigen Vorherrschaft des Mems rechtlicher Gleichheit. Die jüngste Grundgesetzänderung verstärkt in der Interpretation tendenziell die Elemente des Mems faktischer Gleichheit. Ein Gegengewicht stellt die angesprochene Entscheidung des EuGH dar[127]. Das für das Mem Gleichbehandlung typische Ringen um seine Durchsetzung schreitet so im Verfassungszusammenhang als gesellschaftlich-kulturelle Konstante fort.

3. Biogenetisch verankerte Faktoren der Gleichbehandlung

Gleichzeitig mit den mimetischen Faktoren wirken biogenetische Dispositionen. Eine dieser Neigungen ist die diskutierte Tendenz zum Konsens. Sie offenbart sich in verschiedenen Mustern der sozialen Kooperation, die Bestandteile des menschlichen Verhaltenrepertoires geworden sind und denen die Überwindung von Gruppengrenzen gemeinsam ist. Dargestellt wurden Beispiele des Tauschverhaltens und des systematischen Kompromisses.

---

[127] Vgl. zum ganzen Zusammenhang B.II.1a.-b., B.III.

Entscheidendes Element der Tendenz zum Konsens ist die Reziprokität. Die harmonisierende Wirkung erstreckt sich über die normalen menschlichen Bezugsgruppen hinweg. Sie kann insofern als wichtiger Faktor dafür gewertet werden, daß das mediatisierte Zusammenleben vieler Menschen auf engem Raum im Sinne einer modernen Massengesellschaft überhaupt möglich ist[128].

Da die biogenetischen Vorgaben in ihrer Reichweite nur schwer überprüft werden können und ihnen im Prozeß der Koevolution angesichts ihrer Ausbreitungsgeschwindigkeit eine eher untergeordnete Rolle eingeräumt wird, ist anzunehmen, daß die Tendenz zum Konsens im Verhältnis zu dem starken Komplex der gesellschaftlichen Vorgaben verhältnismäßig schwach in ihrer Wirkung ist.

Die eigendynamische Entwicklung des Konzeptes Gleichheit mit der immanenten Dynamik immer neuer Begriffsfindung konnte sich vor allem in der ständigen Auseinandersetzung um Privilegien rivalisierender Gruppen realisieren. Die Tendenz zum Konsens mag mit der Bereitschaft zur Mediatisierung im Zusammenleben eine Voraussetzung für die auf Gleichbehandlung hinwirkenden Mechanismen der mimetischen Evolution geschaffen haben.
Der wesentliche und ganz überwiegende Anteil der Faktoren, die das Prinzip Gleichbehandlung und damit auch die Verfassungsnorm des Gleichheitssatzes als menschliche Handlungsanleitungen und -muster etabliert haben, ist aber auf gesellschaftlich-kultureller und nicht auf biologisch-natürlicher Ebene anzusiedeln.

4. Gesellschaftlich-kulturell verankerte Faktoren der Ungleichbehandlung

Der skizzierten Evolution des Prinzips der Gleichbehandlung stehen gesellschaftlich-kulturelle und biogenetische Faktoren gegenüber, die auf Ungleichbehandlungen hinauslaufen und somit entgegengesetzt wirken.
Als zentrale gesellschaftlich-kulturelle Komponente mit inegalitärer Wirkung manifestiert sich das Mem des Wunsches nach Aufrechterhaltung der geltenden Regelung, das schon in der Gegenüberstellung mit dem Mem der Forderung nach Gleichbehandlung beschrieben wurde. Der Ausbreitungs- und Realisierungserfolg der entgegengesetzten mimetischen Faktoren ist, wie skizziert, von den Positionen der sie repräsentierenden Parteien im Machtgefüge verantwortlich.

5. Biogenetisch verankerte Faktoren der Ungleichbehandlung

Ein wichtiger, biogenetischer Faktor, der Ungleichbehandlungen bewirkt, ist die Tendenz zur Gruppendifferenzierung, die sich als prägendes und typisches Merkmal menschlicher Sozietäten entwickelt hat.

---

[128] Masters, Nature, 153-163.

Die Differenzierung nach Zugehörigkeit zu einer bestimmten Gruppe ist ein Verhalten, das nicht so sehr der individuellen Fitness eines Lebewesens als vielmehr der Gesamtfitness der Population nützt. Das Verhalten hat so einen evolutiven Nutzen, der es als stabile Strategie im Verhalten vieler höher entwickelter Lebewesen etabliert hat. Auch der Mensch ist den Gesetzen der Selektion unterworfen, und Verhalten nach ingroup/outgroup Kriterien kann in weiten Bereichen des rechtlich-sozialen Lebens beobachtet und in anwachsenden Nähekreisen nachgewiesen werden. Dies sind zum Beispiel die Einheiten der Familie, des Stammes, des Vereines, des Staates und der Staatengemeinschaft.

Trotz der Wirkung des Gleichheitssatzes lassen sich auf allen diesen Ebenen Privilegierungen und Schutzmechanismen für die genannten Gruppen finden, die sich in zahlreichen Manifestationen der Rechtsordnung widerspiegeln. Mit der skizzierten Tendenz ergibt sich so ein nach diesen Nähekreisen eingeteiltes System der Differenzierung nach Gruppenzugehörigkeit, das deutlich Eingang in die Rechtsrealität gefunden hat und in ihr immer wieder kehrt. Fraglich ist, wie sich diese Tendenz, die in der Konsequenz ein System ungleicher Behandlung impliziert, im Verhältnis zu den ermittelten Faktoren, die Gleichbehandlung nach sich ziehen, behauptet.

6. Die Faktoren im Zusammenspiel der Koevolution

Die biogenetischen Neigungen zum Konsens und zur Differenzierung nach Gruppenzugehörigkeit wirken einander entgegen. Während diese sich als starkes Verhaltensmuster universal in menschlichen Sozietäten etabliert hat, kann jene nur unter bestimmten Voraussetzungen zur Wirkung kommen und ist vergleichsweise schwach entwickelt. Im Konfliktfall setzt sich die Tendenz zur Differenzierung nach Gruppenzugehörigkeit durch und führt regelmäßig zu einer Durchbrechung des auf Reziprokität beruhenden, mediatisierten Verhaltenskodex. Die Wirkung der Tendenz zum Konsens wird aufgehoben.

Im Verhältnis der gesellschaftlich-kulturellen Egalitätskonzeption des Art. 3 I GG zur biogenetischen Tendenz zur Differenzierung nach ingroup/outgroup Kriterien wirkt ein ähnlicher Antagonismus, der sich aber nicht ohne weiteres auflösen läßt.

Aufgrund der mimetischen Ausbreitung und ihrer enormen Geschwindigkeit konnte das Mem des Gleichheitssatzes sich über die Restriktionen der Gruppendifferenzierung hinwegsetzen und sich zu einem tragenden und prägenden Prinzip moderner staatlicher Ordnungen entwickeln. Die genetisch verankerte Tendenz zur Gruppendifferenzierung ist damit aber nicht außer Kraft gesetzt. Sie bleibt in ihrer Wirkung bestehen und stützt das Mem des Wunsches nach Aufrechterhaltung der Differenzierung bewußt oder unbewußt. Der Gleichheitssatz wird so in seiner Teleologie und Reichweite gefährdet und untergraben.

So erscheinen selbst innerhalb der grundgesetzlichen Gleichheitskonzeption immer wieder Tendenzen der Differenzierung. Einerseits sind dies Durchbrechungen der Gleichheit vor dem Gesetz in der Rechtsordnung zugunsten bestimmter Gruppen, wie für das Familien- und Erbrecht sowie das Staats- und Verwaltungsrecht skizziert. Andererseits ist der Gleichheitssatz in seiner Interpretation selbst Gegenstand derartiger Einflüsse. Dies zeigt sich in der neueren Rechtsprechung des Bundesverfassungsgerichtes, in der sich, wie berichtet[129], als aktuelle Tendenz durchgesetzt hat, nicht Individualpersonen, sondern Personengruppen zu vergleichen. Das Spannungsfeld, das das Verhältnis der Faktoren in diesem Sinne bildet, ist nicht ohne weiteres auflösbar.

Zusammengefaßt ergibt sich im Prozeß der Koevolution ein komplexes Bild der Verhältnisbeziehungen der Faktoren, die die Prinzipien der Gleichbehandlung und der Ungleichbehandlung forcieren.

Die natürlichen Tendenzen der Egalisierung können gleichzeitig mit den natürlichen Tendenzen, die auf ungleiche Behandlung hinwirken, bestehen, werden von diesen aber im Konfliktfall außer Kraft gesetzt.

Die kulturell verankerten Tendenzen der Egalisierung haben die entgegenwirkenden natürlichen Tendenzen in ihrem Einfluß überholt. Trotzdem existieren und wirken die Tendenzen, die ungleiche Behandlung implizieren, weiter. Sie scheinen in der rechtlichen Realität immer wieder durch und untergraben die egalitären Vorgaben .

Der Gleichheitssatz kann also als Errungenschaft menschlicher Sozietäten gewertet werden, der allerdings den unablässig wirkenden Tendenzen der Differenzierung aus der Stammesgeschichte ausgeliefert ist und angesichts der damit verbundenen Gefahren immer neu bestätigt werden muß.

---

[129] Vgl. B.II.3.c.

E. Conclusio

I. Gleichheitsbegriffe

Ausgangspunkt, um begrifflich von Gleichheit sprechen zu können, sind zwei Gegenstände des Vergleichs sowie ein tertium comparationis.

Schon bei Aristoteles und Platon werden zwei unterschiedliche Gleichheitsbegriffe erkannt. Ihre Differenzierungen bestimmen die juristischen Diskussionen bis heute. Es handelt sich dabei um die Begriffe der rechtlichen und der faktischen Gleichheit.
Der Gedanke rechtlicher Gleichheit postuliert, allen Menschen gleiche Startchancen einzuräumen und läßt unterschiedliche Entwicklungen in der Folge zu. Das Konzept faktischer Gleichheit fordert tatsächlich gleiche Lebensbedingungen möglichst vieler Menschen als Zielvorstellung. Während rechtliche Gleichheit eine statische Poiltik impliziert, verlangt faktische Gleichheit eine dynamische Politik.

II. Gleichheit im Grundgesetz

Mit dem Art. 3 I GG ist der Gleichheitssatz als wesentliches Grundrecht in der Verfassung verankert. Gleichzeitig gilt der Satz als Strukturprinzip des Rechtsstaates. Im Grundgesetz sind sowohl Elemente rechtlicher als auch faktischer Gleichheit verwirklicht.

Der Gleichheitssatz wird in der Regel als Willkürverbot interpretiert. Sein Gehalt läßt sich mit Hilfe gesetzlicher Differenzierungsverbote, -gebote und -erlaubnisse formulieren. Nach der neueren Rechtsprechung liegt eine ungerechtfertigte Ungleichbehandlung vor, wenn Normadressaten unterschiedlich behandelt werden, ohne daß dafür hinreichende Gründe vorliegen. Art. 3 I GG bindet in seiner Wirkung alle drei Staatsgewalten. Träger des Grundrechtes sind alle Menschen.

III. Die aktuellen Diskussionen

Alle juristischen Formeln können nicht darüber hinwegtäuschen, daß es unmöglich erscheint, einen festen Gehalt des Gleichheitssatzes zu bestimmen. Je nachdem, ob einer Entscheidung der Begriff faktischer oder der rechtlicher Gleichheit zugrundegelegt wird, bedeutet dies einen Schritt in Richtung der einen oder der anderen Tendenz. Die beiden Tendenzen sind in verfassungmäßiger Balance zu halten.

IV. Evolutionsbiologie

Die Evolutionsbiologie geht davon aus, daß alle Lebewesen sich nach bestimmten Gesetzmäßigkeiten entwickeln. Nach der synthetischen Lehre sind dies die Gesetze der Variation, der natürlichen Selektion und der Neigungsvererbung.

Angesichts biologischer Variationen können in der Auseinandersetzung mit den Lebensverhältnissen neue Anpassungen oder Variationen im Verhalten entstehen. Erfolgreich in der natürlichen Selektion sind die Lebewesen, die sich aufgrund der von ihnen an den Tag gelegten Verhaltensvariation öfter fortpflanzen können als andere Lebewesen. Wenn sich ein Lebewesen aufgrund einer bestimmten Verhaltensweise öfter fortpflanzen kann, wird sich auch die Neigung zu diesem Verhalten entsprechend oft vererben und es sich in der Folge durchsetzen.

V. Selektionseinheiten

Nach den evolutiven Gesetzen müßte sich egoistisches Verhalten immer durchsetzen. Bei vielen Arten ist jedoch ein umfangreiches soziales Verhaltensrepertoire zu beobachten.

Nach Auffassung der Ethologen ist neben dem Individuum auch die Art eine Einheit der Selektion. Demnach können sich nicht nur Handlungen, die dem einzelnen Lebewesen, sondern auch Verhaltensweisen, die der ganzen Art nützen, behaupten.
In der Sicht der Soziobiologen sind die Gene die einzigen Einheiten der Selektion. Jedes Verhalten des Phänotyps, das dem Genotyp nützt, wird von der Evolution begünstigt. Dies ist einerseits egoistisches oder auch kooperatives Verhalten, das zugunsten des Individuums wirkt, andererseits aber auch jedes Verhalten, das den verwandten Sippenmitgliedern zugute kommt. Das soziobiologische Modell hat sich als überzeugend und folgerichtig durchgesetzt.

VI. Differenzierung nach Gruppenzugehörigkeit

Diese Erkenntnis führt zu der Annahme, daß im Bereich der hoch entwickelten Lebewesen ein fein nach biogenetischen Nähegraden differenzierendes Verhaltenssystem zur Anwendung kommt. Ingroup - und outgroup-Verhalten weichen voneinander ab, den Mitgliedern der Sippe gegenüber wird anderes Verhalten gezeigt als Nichtmitgliedern gegenüber. Dies weist darauf hin, daß ein Individuum seine Artgenossen je nach genetischem Nähegrad ungleich behandelt und auf Artebene ein inegalitäres Verhaltenssystem vorherrscht.

VII. Der Mensch und sein Verhaltensrepertoire in der Perspektive der Evolutionsbiologie

Der Mensch ist den Gesetzen der Evolution ebenso unterworfen wie alle anderen Lebewesen. In seiner Entwicklung sind neben die mit der natürlichen Evolution biogenetisch vererbten Merkmale durch Imitation und Kommunikation tradierte Merkmale getreten. Deswegen kann von kultureller Evolution gesprochen werden. Deren Einheiten sind Meme, die sich auch nach evolutiven Gesetzen fortentwickeln.

Menschliche Bezugsgruppen umfassen selten mehr als 80 bis 100 Personen. Es handelt sich dabei um eine stammesgeschichtliche, universelle Konstante menschlicher Gesellschaften. Das Prinzip der Sippenselektion gilt auch beim Menschen. Dazu kommen die Mechanismen der Gruppenselektion und des reziproken Altruismus. Es kristallisiert sich eine für den „Homo sapiens sapiens" typische, biogenetische Tendenz zur inegalitären Differenzierung nach Zugehörigkeit zu seiner Bezugsgruppe heraus.

VIII. Differenzierung nach Gruppenzugehörigkeit in der Rechtsordnung

Die Tendenz zur Differenzierung nach Gruppenzugehörigkeit spiegelt sich in der Rechtsordnung wider. Anknüpfungspunkte für die Differenzierungen in den Sorge- und Unterhaltsregeln des Familienrechts, in der gesetzlichen Erbfolge des BGB und den Regelungen des ErbStG sind die verwandtschaftlichen Nähebeziehungen. Auch in den Nutzungsrechten der BayGO, den Bürgerrechten des GG und den Zeugnisverweigerungsrechten der ZPO und der StPO spielen Nähegrade die entscheidende Rolle als Differenzierungskriterien. Die gesetzlichen Regelungen entsprechen somit den soziobiologischen Vorgaben. Dies weist darauf hin, daß inegalitäre Tendenzen zur Differenzierung nach Gruppenzugehörigkeit Eingang in die Rechtsordnung gefunden haben.

IX. Die Evolution des Gleichheitssatzes

Eine Analyse der natürlichen Evolution des Gleichheitssatzes öffnet den Blick für eine stammesgeschichtlich gewachsene Tendenz zum Konsens. Diese ist aber in ihrer Wirkung begrenzt.

Ausgangspunkt der kulturellen Evolution des Gleichheitssatzes ist eine gesellschaftliche Situation der Privilegierung. Sie tritt ein, sobald sich die menschliche Lebensgruppe in mehrere Bezugsgruppen teilt und es zur Gruppendifferenzierung innerhalb der Gruppe kommt. Weitere Voraussetzung ist die Erkenntnis, daß es sich dabei um eine ungerechtfertigte Ungleichbehandlung handelt. Das Mem dieser Erkenntnis wird mit der Forderung nach Veränderung des Zustandes verknüpft. Dem gegenüber steht das Mem des Wunsches nach Fortbestehen der Privilegierung.

Das Ausbreitungpotential und die Selektion der konkurrierenden Meme der Forderung nach Gleichbehandlung und des Wunsches nach Aufrechterhalten der geltenden Regelung hängen von ihrer jeweiligen gesellschaftlichen Durchsetzungsfähigkeit im Machtgefüge des Staates ab. Die Ausdehnung des Prinzipes bzw. Mems Gleichbehandlung realisiert sich in Momenten der Reform und der Revolution.
Die Dualität der konkurrierenden Meme spiegelt sich zum Teil in der Interpretation des Art. 3 I GG, soweit sie sich in der Polarität der Prinzipien rechtlicher und faktischer Gleichheit bewegt.

X. Die Tendenzen zur Gleich- und Ungleichbehandlung in der Koevolution

Gene werden von Memen in ihrer Ausbreitungsgeschwindigkeit übertroffen. Dies weist darauf hin, daß die natürliche von der kulturellen Evolution überholt und überformt worden ist. Unabhängig von der Vorherrschaft gesellschaftlich bestimmter Handlungsfaktoren bleiben die biogenetischen Tendenzen aber in ihrer Wirkung bestehen.

Das Mem Gleichbehandlung konnte sich in Abhängigkeit von den gesellschaftlichen Dominanzverhältnissen in weiten Bereichen durchsetzen. Es wird von der parallel wirkenden biogenetischen Tendenz zum Konsens unterstützt .
Obwohl das Prinzip der Gleichbehandlung sich zu einem zentralen Satz jedes modernen Rechtsstaates entwickelt hat, ist die biogenetische Tendenz zur Differenzierung nach Gruppenzugehörigkeit nicht außer Kraft gesetzt, sondern wirkt parallel mit dem Mem Aufrechterhaltung der Privilegierung und kann den Art. 3 I GG in diesem Sinne gefährden.

XI. Der Gleichheitssatz im Lichte der modernen Evolutionsbiologie

Die Analyse des Gleichheitssatzes aus der Sicht der Entwicklungslehre hat gezeigt, daß die Entstehung dieser Rechtsnorm in evolutiven Maßstäben dargestellt werden kann und daß aus dem Studium der ineinander greifenden Mechanismen Einsichten für die diesem Grundrecht innewohnende Polarität gewonnen werden können.

Die Erkenntnis, daß es evolutiv entwickelte Verhaltenstendenzen gibt, die das rechtliche Verhalten beeinflussen und mit den Normen der Rechtsordnung in Wechselwirkung stehen, ist oft verschleiert. Dies ergibt sich aus dem Umstand, daß die Evolution und ihre Mechanismen jenseits der alltäglichen Wahrnehmungsformen ablaufen[1]. Aber gerade die Kenntnis der menschlichen Verhaltensdispositionen ermöglicht es dem modernen Menschen und insbesondere dem Juristen, in der Rechtsgestaltung und -anwendung frei zu wählen, die biogenetischen Tendenzen zu akzeptieren oder sich gegen ihren Einfluß aufzulehnen[2] und ihnen seine kulturelle Wahl entgegenzusetzen.

---

1 Vgl. Blech, Die Zeit, 14.2.1997, 29.

2 Nach Dawkins tun wir dies immer, wenn wir Empfängnisverhütung betreiben, und es spricht seiner Auffasung nach nichts dagegen, diese Rebellion in allen anderen Bereichen durchzuführen. Dawkins, Das egoistische Gen, 530.

Skizzen zum Text

Skizze 1

Gleichheitskonzeptionen

Menschenbild	Postulat	Zielzustand	Politik	Beispiel
Naturwesen	material	rechtlich	statisch	Schulsystem
Kulturwesen	formal	faktisch	dynamsisch	Steuersystem

Skizze 2

Das Evolutionsmodell bei Lamarck und Darwin

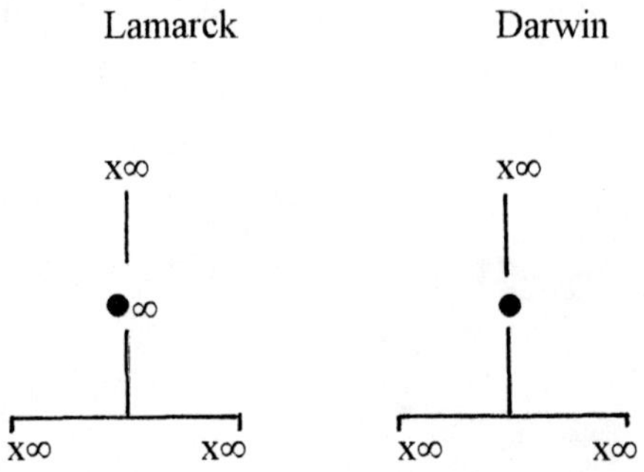

x = Lebewesen, ∞ = genetische Disposition, ● = Verhalten in Umwelt

Skizze 3

Das Prinzip der natürlichen Selektion

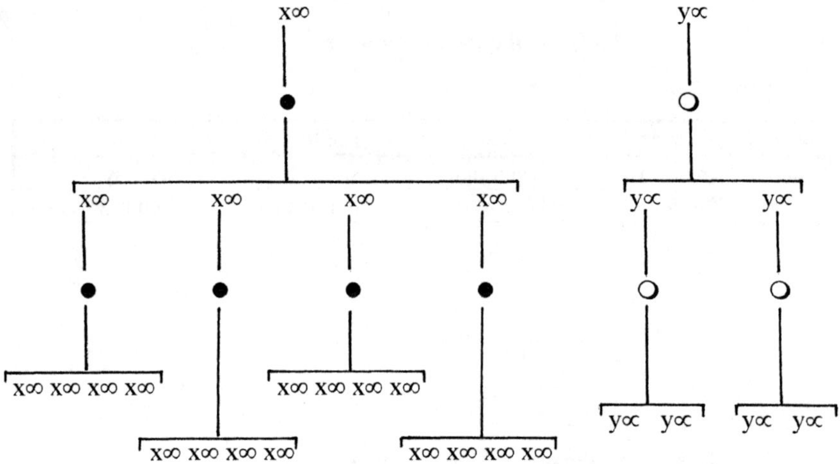

x und y = Lebewesen, ∞ und ∝ = genetische Dispositionen, ● und ❍= Verhalten in Umwelt

Skizze 4

Einzel- und Sozialverhalten in ethologischer und soziobiologischer Sicht

	Egoistisches Verhalten	Kooperatives Verhalten	Altruistisches Verhalten
Ethologische Sicht (Selektionseinheiten Individuum und Art)	zugunsten des individ. Fortpflanzungerfolges	zugunsten des individ. Fortpflanzungserfolges	zugunsten des Reproduktionspotentials der Art
Soziobiologische Sicht (Selektionseinheiten Gene)	zugunsten des individ. Fortpflanzungserfolges (Pers. Fitness)	zugunsten des individ. Fortpflanzungserfolges (Pers. Fitness)	zugunsten des Reproduktionspotentials der Population (Gesamtfitness)

Literaturverzeichnis

Alexander, Richard D.: Evolution and Culture, in: Evolutionary biology and human social behaviour, herausgegeben von Napoleon A. Chagnon und William Irons, North Scituate, 1979

Allen, Elizabeth et al.: Against „Sociobiology", in: New York Review of Books vom 13.11.1975

Aristoteles: Politik, Schriften zur Staatstheorie, übersetzt und herausgegeben von Franz F. Schwarz, Stuttgart, 1989

ders.: Werke, Nikomachische Ethik, übersetzt von Franz Dirlmeier, begründet von Ernst Grumach, herausgegeben von Hellmut Flashar, Band 6, Berlin, 1983

Arndt, Adolf: Gedanken zum Gleichheitssatz, in: Die moderne Demokratie und ihr Recht, Festschrift für Gerhard Leibholz, Band 2, Tübingen, 1966

Axelrod, Robert: The evolution of cooperation, New York, 1984

Barash, Sociobiology and Behavior, Amsterdam, 1977

Barkow, Jerome H./Cosmides, Leda/Tooby, John: Introduction, Evolutionary Psychology and Conceptual Integration, in: The adapted mind, herausgegeben von Jerome H. Barkow, Leda Cosmides und John Tooby, New York, 1992

Beckstrom, John: Evolutionary Jurisprudence, Chicago, 1989

ders.: Sociobiology and the Law, Chicago, 1985

Beyer, Wilhelm R.: Die Willkürformel des BVerfG, in: Blätter für deutsche und internationale Politik, 1970

Binding, Karl: Deutsche Staatsgrundgesetze, 2. Heft, Leipzig, 1905

Blech, Jörg: Patienten aus dem Pleistozän, in: Die Zeit vom 14. Februar 1997, S 29

Boldt, Hans: Reich und Länder, Texte zur deutschen Verfassungsgeschichte im 19. und 20. Jahrhundert, München 1987

Braun, Johann: Recht und Moral im pluralistischen Staat, in: JuS 1994, S 727 ff

Cavalieri, Paola/Singer, Peter: The Great Ape Project, New York, 1994

Chagnon, Napoleon A.: Yanomamö, The Fierce People, Stamford, 1977

Cosmides, Leda/Tooby, John: The Psychological Foundations of Culture, in: The adapted mind, herausgegeben von Jerome H. Barkow, Leda Cosmides und John Tooby, New York, 1992

dies.: Cognitive Adaptations for Social Exchange, in: The adapted mind, herausgegeben von Jerome H. Barkow, Leda Cosmides und John Tooby, New York, 1992

Dann, Otto: Gleichheit und Gleichberechtigung, Berlin, 1980

Darwin, Charles: Über die Entstehung der Arten und die natürliche Zuchtwahl, übersetzt von Carl W. Neumann, Stuttgart, 1989

ders.: Die Abstammung des Menschen und die geschlechtliche Zuchtwahl, übersetzt von Viktor Carus, Wiesbaden, 1992

Darwin, Francis: Charles Darwin, London, 1892

ders.: The Life and Letters of Charles Darwin, Band I und II, New York, 1899

Dawkins, Richard: Das egoistische Gen, übersetzt von Karin de Sousa Ferreira, Heidelberg, 1994

ders.: The Extended Phenotype, Oxford, 1982

ders.: The Selfish Gene, Oxford, 1989

Dennett, Daniel C: Es geht auch ohne Gott und Geist, Die Zeit vom 16. Februar 1996, S 20

Dobzhansky, Theodosius, Mankind Evolving, New Haven, 1962

Dunbar, Richard: Adapation, fitness and the evolutionary tautology, in: Current problems in Sociobiology, herausgegeben von King's College Sociobiology Group, Cambridge 1980

Durham, William H.: Coevolution, genes, culture and human diversity, Stanford, 1991

ders.: Toward a Coevolutionary Theory of Biology, in: Evolutionary biology and human social behaviour, herausgegeben von Napoleon A. Chagnon und William Irons, North Scituate, 1979

Dürig, Günther/Maunz, Theodor: Grundgesetz, Kommentar, München, 1994

Eberl, Ulrich: Die Programmiersprache der Evolution, in: Die Süddeutsche Zeitung vom 5./6. Januar 1995, S 24

Eibl-Eibesfeldt, Irenäus: Grundriß der vergleichenden Verhaltensforschung, München, 1967 und 1987 (Anm.: Jedes Zitat ist in der jeweiligen Fussnote in Hinblick auf die verwendete Auflage konkretisiert.)

ders.: Menschenforschung auf neuen Wegen, München, 1976

ders.: Der vorprogrammierte Mensch, München, 1973

Endler, John: The newer synthesis?, in: Oxford Surveys in evolutionary biology, Vol. 3, Oxford, 1986, S 224 ff

Enzyklopädie: siehe Voraus

Eyermann, Erich: Gleichheitssatz, Wurzel des Willkürverbots, in: Verfassung und Verfassungsrechtsprechung, Festschrift zum 25. Bestehen des Bayerischen Verfassungsgerichtshofes, München, 1972

Fouts, Deborah H./Fouts, Roger S.: Chimpanzee's Use of Sign Language, in: The Great Ape Project, herausgegeben von Paola Cavalieri und Peter Singer, New York, 1993

Fouts, Roger S.: siehe Fouts, Deborah H.

Gilman, Stuart C./Simon, Robert L./Zegura, Stephen L.: Evolution, Ethics and Equality, in: Biological Differences and Social Equality, herausgegeben von Robert H. Blank und Masako N. Darrough, Westport, 1983

Gordon, Wendy/Patterson, Francine: The Case of the Personhood for Gorillas, in: The Great Ape Project, herausgegeben von Paola Cavalieri und Peter Singer, New York, 1993

Gruter, Margaret: The origins of legal behavior, in: Journal of Biological Structures, Heft 2, 1979, S 43 ff

dies.: Rechtsverhalten, Köln, 1993

dies.: An Ethological Perspective on Law and Biology, in: The Sense of Justice, herausgegeben von Margaret Gruter und Roger D. Masters, Newbury Park, 1992

Gusy, Christoph: Der Gleichheitsschutz des Grundgesetzes, in: Jus 1982, S 30 ff

Hamilton, William D.: The Genetical Evolution of Social Behaviour, in: Journal of Theoretical Biology, Heft 7, 1964, S 1 ff

Hauserman, Nancy R. Search for Equity on the Planet Difference in: Biological Differences and Social Equality, herausgegeben von Robert H. Blank und Masako N. Darrough, Westport, 1983

Heimsoeth, Heinz/Windelband, Wilhelm: Lehrbuch der Geschichte der Philosophie, Tübingen , 1957

Hemminger, Hans-Jörg: Der Mensch, eine Marionette der Evolution?, Frankfurt, 1983

Herzog, Roman: Der Gleichheitssatz, in: Evangelisches Staatslexikon, 3. Auflage, Stuttgart, 1987, Sp 1182-1190

ders.: Demokratie und Gleichheit heute, in: DVBl. 1970, S 713 ff

Hesse, Konrad: Der Grundsatz der Gleichheit vor dem Gesetz im Deutschen Staatsrecht, Dissertation, Göttingen 1950

ders.: Der Gleichheitsgrundsatz im Staatsrecht, in: AöR 77, S 167 ff

ders.: Der Gleichheitssatz in der neueren deutschen Verfassungsentwicklung, in AöR 109, S 174 ff

Hobbes, Thomas: Leviathan, übersetzt von Walter Euchner, herausgegeben von Iring Fetscher, Neuwied, 1966

Hölldobler, Bert/Wilson, Edward O.: Ameisen, Basel, 1995

Huster, Stefan: Rechte und Ziele. Zur Dogmatik des allgemeinen Gleichheitssatzes, Dissertation an der Universität Heidelberg, Berlin, 1993

Huxley, Thomas Henry: Evolution and Ethics and other essays, New York, 1970

Ike, Ben W.: Man's Limited Sympathy as a consequence of his evolution in kin groups, in: The Sociobiology of ethnocentrism, herausgegeben von Vernon Reynolds, Vincent Falger und Ian Vine, London, 1987

Irons, William: Natural Selection, Adapation and Human Social Behaviour, in: Evolutionary biology and human social behaviour, herausgegeben von Napoleon A. Chagnon und William Irons, North Scituate, 1979

Isensee, Josef/Kirchhof Paul: Handbuch des Staatsrechts, Band 5, Heidelberg, 1992

Jauch, Dieter: Wilhelma, Stuttgart, 1995

Jellinek, Georg: Allgemeine Staatslehre, Berlin, 1914

Kelsen, Hans: Naturrechtslehre und Rechtspositivismus, in: Die Wiener rechtstheoretische Schule, hrsg. von Hans Klecatsky, Rene Marcic, Herbert Schambeck, Wien 1968

Kirchhof, Paul: siehe Isensee, Josef

Klein, Friedrich: siehe Mangoldt, Herrmann von

Knapp, Andreas: Soziobiologie und Moraltheologie, Weinheim, 1989

Koch, Traugott: Der Gleichheitssatz, In: Evangelisches Staatslexikon, hrsg. von Roman Herzog, 3. Auflage, Stuttgart, 1987, Sp 1177-1182

Koller, Peter: Theorie des Rechts, Wien, 1992

Kriele, Martin: Freiheit und Gleichheit, in: Handbuch des Verfassungsrechts, herausgegeben von Ernst Benda, Werner Maihofer, Hans-Jochen Vogel, Berlin 1983

Krüger, Hildegard: Der Gleichbehandlungsgrundsatz als Rechtsgrundlage öffentlich-rechtlicher Grupppenrechte, in: DVBl. 1955, S 178 ff, 208 ff

Kühner, Georg Friedrich: Lamarck, Die Lehre vom Leben, Jena, 1913

Lamarck, Jean-Baptiste de: Philosophische Zoologie, übersetzt von Heinrich Schmidt, Leipzig 1909

Leibholz, Gerhard: Die Auflösung der liberalen Demokratie in Deutschland und das autoritäre Staatsbild, München, 1933

Leipold, Dieter: Erbrecht, Tübingen, 9. Auflage, 1991

Leuckert von Weisdorf, Friedrich Freiherr von: Die Verfassungsurkunden des Königreichs Bayern, Ansbach, 1905

Lorenz, Konrad: Moral-analoges Verhalten geselliger Tiere, in: Forschung und Wirtschaft, Heft 4, 1954

ders: Das sogenannte Böse, München, 1993

ders.: Über tierisches und menschliches Verhalten, München, 1965

ders.: Über das Töten von Artgenossen, in: Jahrbuch der Max-Planck-Gesellschaft, Göttingen, 1955

Lopreato, Joseph: Human nature and biocultural evolution, Boston, 1984

Lumsden, Charles J./Wilson, Edward O.: Genes, mind and culture, Cambridge, 1981

dies.: The Promethean Fire, Cambridge, 1983

dies.: The relation between biological and cultural evolution, in: Journal of biological structures, Heft 8, 1985, S 343 ff

Mangoldt, Herrmann von/Klein, Friedrich/Starck, Christian: Das Bonner Grundgesetz, München 1985

Markl, Hubert: Biologie und menschliches Verhalten. Dispositionen, Grenzen, Zwänge, in: Der Beitrag der Biologie zu Fragen von Recht und Ethik, herausgegeben von Margaret Gruter und Manfred Rehbinder, Berlin, 1983

Martini, Peter: Art. 3 Abs. 1 GG als Prinzip absoluter Rechtsgleichheit, Dissertation an der Universität Passau, Passau, 1996 (Anm.: Nachdem zum Zeitpunkt der Bearbeitung nur eine unveröffentlichte Version vorlag, werden in den Zitaten Gliederungsabschnitt und Seitenzahl verwendet.)

Masson, Christoph/Samper, Rudolf: Bayerische Kommunalgesetze, Kommentar, München, 1991

Masters, Roger D: The Nature of Politics, New Haven, 1989

ders.: Sociobiology: science or myth?, in: Journal of social and biological structures, 1979

Maunz, Theodor: siehe Dürig, Günther

Maynard, Smith, John: The concepts of sociobiology, in: Morality as a biological phenomenon, herausgegeben von Gunter Stent, Berlin 1978

Menne, Alfred: Identität, Gleichheit, Ähnlichkeit, in: Ratio 4, 1962, S 44 ff

Mohr, Hans: Biologische Wurzeln der Ethik?, Heidelberg, 1983

Müller, Georg/Zippelius, Reinhold: Der Gleichheitssatz, in: Veröffentlichungen der Vereinigung der Deutschen Staatsrechtslehrer, Heft 47, Berlin, 1989, S 8-112

Müller, Klaus: Grundzüge des menschlichen Gruppenverhaltens, in: Biologie von Sozialstrukturen, herausgegeben von Joachim Jungius Gesellschaft der Wissenschaften, Hamburg, 1983

Münch, Ingo von: Grundgesetz Kommentar, Band 1, 4. Auflage, 1992

Norris, Kenneth S./Schilt, Carl R.: Cooperative Societies in Three-Dimensional Space. On the Origins of Aggregations, Flocks and Schools, with special reference to Dolphins and Fish, in: Ethology and Sociobiology, Vol. 9, Nr. 2-4, New York, 1988, S 149 ff

Oster, George F./Wilson, Edward O.: Caste and ecology in the social insects, Princeton, 1978

Palmer, Craig T.: Kin-Selection, Reciprocal Altruism and Information Sharing among Maine Lobstermen, in: Ethology and Sociobiology, Vol. 2, Nr. 3, New York, 1991, S 221 ff

Patterson, Francine: siehe Gordon, Wendy

Pieroth, Bodo/Schlink, Bernhard: Grundrechte, Heidelberg, 1990

Platon: Sämtliche Werke, Politeia, übersetzt von Friedrich Schleiermacher, herausgegeben von Walter F. Otto, Ernesto Grassi, Gert Plamböck, Band 3, Hamburg, 1958

ders.: Sämtliche Werke, Nomoi, übersetzt von Friedrich Schleiermacher, herausgegeben von Walter F. Otto, Ernesto Grassi, Gert Plamböck, Band 6, Hamburg, 1958

Popper, Karl: Objective knowledge, Oxford, 1972

ders.: Natural Selection and the Emergence of the Mind, in: Evolutionary Epistemology, Rationality and the Sociology of Knowledge, herausgegeben von Gerard Radnitzky und William Warren Bartley, La Salle, 1987

Prandl, Josef/Zimmermann, Hans: Kommunalrecht in Bayern, München, 1989

Rieger, Jürgen: Evolution und Freiheit, Buchbesprechung, in: Neue Anthropologie, Heft 3, 1987, S 74 ff

Riggert, Rainer: Die Selbstbindung der Rechtsprechung durch den allgemeinen Gleichheitssatz, Berlin 1993

Rimscha, Wolfgang von: Die Grundrechte, Berlin, 1972

Roes, Frans: Human affairs and natural selection, Data Base Programm, Amsterdam, 1995

Robbers, Gerhard: Der Gleichheitssatz, in: DÖV 1988, S 749 ff

Rousseau, Jean-Jacques: Über den Ursprung und die Grundlagen der Ungleichheit unter den Menschen, übersetzt von Heinz Mende und Karl Peter, herausgegeben von Peter Goldammer, Berlin, 1958

ders.: Discours sur l'inegalite, herausgegeben von Heinrich Meier, Paderborn 1993

Ruppel, Peter: Der Grundrechtsschutz der Ausländer im deutschen Verfassungsrecht, Dissertation an der Universität Würzburg, Augsburg, 1968

Ruthenberg, Otto: Verfassungsgeschichte des Deutschen Reiches und der deutschen Länder, Berlin, 1926

Ruse, Michael: Is science sexist?, Dordrecht, 1981

ders.: Sociobiology, Sense or Nonsense?, Dordrecht, 1985

Sachs, Michael: Ausländergrundrechte im Schutzbereich von Deutschengrundrechten, in: BayVBl. 1990, 385

ders.: Anmerkung, in: JuS 1996, S 350 ff

Samper, Rudolf: siehe Masson,Christoph

Sannwald, Rüdiger: Die Reform des Grundgesetzes, NJW 1994, S 3313 ff

Sandmann, Jürgen: Der Bruch mit der humanitären Tradition, Stuttgart, 1990

Schilt, Carl R.: siehe Norris, Kenneth S.

Schlink, Bernhard: siehe Pieroth, Bodo

Schmidt, Hans-Joachim: Die Benutzung der öfentlichen Einrichtungen einer Gemeinde durch Nichteinwohner, in: DÖV 1963, S 217 ff

Schmidt-Bleibtreu, Bruno/Klein, Franz: Kommentar zum Grundgesetz, 7. Auflage, 1990

Schoch, Friedrich: Der Gleichheitssatz, in: DVBl 1988, S 863 ff

Schröder, Heinz: Der Rechtsbegriff der Freiheit, Dissertation Münster, 1961

Schwabe, Jürgen: Anmerkung, in: NJW 1974, 1044

Schweiger, Karl: Zur Geschichte und Bedeutung des Willkürverbotes, in: Verfassung und Verfassungsrechtsprechung, Festschrift zum 25. Bestehen des Bayerischen Verfassungsgerichtshofes, München, 1972

Seibt, Uta/Wickler Wolfgang: Männlich, Weiblich, München, 1990

dies.: Das Prinzip Eigennutz, Hamburg, 1977

Segerstråle, Ullica: The Sociobiology of conflict and the conflict of sociobiology, in: Sociobiology and Conflict, herausgegeben von Jan van der Dennen und Vincenz Falger, London, 1990

Simon, Robert. L: siehe Gilman, Stuart C.

Singer, Peter: The Expanding Circle, New York, 1981

ders.: siehe Cavalieri, Paola

Smend, Rudolf: Die politische Gewalt im Verfassungsstaat und das Problem der Staatsform, in: Festgabe für Wilhelm Kahl, Tübingen, 1923

Somló, Felix: Juristische Grundlehre, 2. unveränderte Auflage, Leipzig 1927, S 52-55, 121-153 in: Begriff und Wesen des Rechts, herausgegeben von Werner Maihofer, Darmstadt, 1973

Spencer Herbert: The Data of Ethics, London, 1907

Starck, Christian: siehe Mangoldt, Herrmann von

Steigerwald, Robert: Sind wir Sklaven der Natur?, Düsseldorf, 1988

Stein, Lorenz von: Geschichte der sozialen Bewegung in Frankreich von 1789 bis auf unsere Tage, herausgegeben von Gottfried Salomon, Band 1, München, 1921

Stent, Gunter S.: Introduction. The Limits of the naturalistic approach to morality, in: Morality as biological phenomenon, herausgegeben von Gunter Stent, Berlin, 1978

Stone, Irving: Charles Darwin oder Der Schöpfung wunderbare Wege, übersetzt von Willy Thaler, München, 1981

Strauss, Julius: Romania tastes the American Dream, in: The European vom 31. September 95, S 5

Sumner, William Graham: Socialism, in: Social Darwinism, Selected essays, herausgegeben von Stoe Persons, Englewood Cliffs, 1963

Sundbom, Ivar: Über das Gleichheitsprinzip als politisches und ökonomisches Problem, Berlin 1962

Todt, Dietmar: Biologische Grundlagen der Gruppenbildung und Gruppenbeziehung, in: Erbe und Umwelt, herausgegeben von Carsten Niemitz, Frankfurt, 1987

Tooby, John: siehe Barkow, Jerome H.

ders.: siehe Cosmides, Leda

Trivers, Robert: Natural selection and social behavior, Dissertation an der Harvard University, Cambridge, 1972 ders.: The evolution of reciprocal altruism, in: The Quarterly Review of Biology, Vol. 46, S 35 ff

ders: Social evolution, Menlo Park, 1985

Varela, Francisco J.: Kognitionswissenschaft-Kognitionstechnik, übersetzt von Wolfram Karl Köck, Frankfurt, 1993

Vecchio, Giorgio del: Gleichheit und Ungleichheit im Verhältnis zur Gerechtigkeit, in: Die moderne Demokratie und ihr Recht, Festschrift für Gerhard Leibholz, Band 1, Tübingen, 1966

Veröffentlichungen der Vereinigung deutscher Staatsrechtslehrer, herausgegeben von Georg Müller und Reinhold Zipppelius, Heft 47, Berlin, 1989

Vogel, Christian: Primatenforschung - Beiträge zum Selbstverständnis des Menschen, Göttingen, 1977

ders: Vom Töten zum Mord, München, 1989

Voland, Eckart: Fortpflanzung, Natur und Kultur im Wechselspiel, Frankfurt, 1992

ders.: Grundriß der Soziobiologie, Stuttgart, 1993

Vorauslexikon zur Brockhaus Enzyklopädie, Mannheim, 1986

Weber, Max: Wirtschaft und Gesellschaft, Tübingen, 1972

Wendt, Rudolf: Der Gleichheitssatz, in: NVwZ 1988, S 778 ff

White Miles, H. Lyn: Language and the Orang-Utan, The Old „Person“ of the Forest, in: The Great Ape Project, herausgegeben von Paola Cavalieri und Peter Singer, New York, 1993

Wickler, Wolfgang: Die Biologie der zehn Gebote, München, 1975

ders.: siehe Seibt, Uta

Will, George F.: The Jury was convicted in the „Trial of the Century“, in: International Herald Tribune vom 5. Oktober 1995, S 8

Wind, Jan: Man’s selfish genes, social behavior and ethics, in: Journal of Biological Structures 1980, Heft 3, S 33 ff

Windelband, Wilhelm: siehe Heimsoeth, Heinz

Wilson, Edward O.: On human nature, Cambridge, 1994

ders.: Sociobiology. The new synthesis, abr. ed., Cambridge, 1980

ders.: For „Sociobiology“, in: New York Review of Books vom 11.12.1975

ders.: The Insect Societies, Cambridge, 1971

ders.: Jede Art ist ein Meisterwerk, in: Die Zeit vom 23. Juni 1995, S 33

ders.: Reflections on a Life in Science, videorecording, Cambridge, 1992

ders: The coevolution of genes and culture, videorecording, Cambridge, 1982

ders.: siehe Hölldobler, Bert

ders.: siehe Lumsden, Charles

ders.: siehe Oster, George F.

Würtenberger, Thomas: Equality, in: The Constitution of the Federal Republic of Germany, herausgegeben von Ulrich Karpen, Baden-Baden, 1988

Zegura, Stephen L: siehe Gilman, Stuart C.

Zimmermann, Hans: siehe Prandl, Josef

Zippelius, Reinhold: siehe Müller, Georg